国家自然科学基金项目（51974010、51404013）
安徽省高校省级自然科学研究重大项目（KJ2018ZD010）

倾斜煤层底板破坏特征及其阻隔水性能与突水预测

孙　建　王连国／著

U0353313

中国矿业大学出版社
·徐州·

内 容 提 要

本书共分 8 章,第 1 章论述了研究倾斜煤层底板破坏特征及其阻隔水性能与突水预测对实现承压水上倾斜煤层安全带压开采的必要性和重要性;第 2、3 章分别从理论和数值计算方面分析了倾斜煤层底板破坏特征;第 4、5 章分别从理论和数值计算方面分析了倾斜煤层底板突水机理;第 6 章分析了倾斜煤层底板阻隔水性能;第 7 章依据倾斜煤层底板破坏特征微震监测结果对倾斜煤层底板突水进行了预测;第 8 章总结了倾斜煤层底板破坏特征及其阻隔水性能与突水预测方面的研究成果。

本书可供采矿工程、安全工程、地质工程等专业相关工程技术人员阅读,亦可供高等院校、科研机构的采矿工程、安全工程、地质工程等专业的科研人员参考。

图书在版编目(CIP)数据

倾斜煤层底板破坏特征及其阻隔水性能与突水预测 / 孙建,王连国著. —徐州:中国矿业大学出版社,2021.3

ISBN 978 - 7 - 5646 - 4677 - 6

Ⅰ. ①倾… Ⅱ. ①孙… ②王… Ⅲ. ①煤层—矿井突水—研究 Ⅳ. ①TD74

中国版本图书馆 CIP 数据核字(2020)第 218078 号

书　　名	倾斜煤层底板破坏特征及其阻隔水性能与突水预测	
著　　者	孙　建　王连国	
责任编辑	王美柱	
出版发行	中国矿业大学出版社有限责任公司	
	(江苏省徐州市解放南路　邮编 221008)	
营销热线	(0516)83884103　83885105	
出版服务	(0516)83995789　83884920	
网　　址	http://www.cumtp.com　**E-mail**:cumtpvip@cumtp.com	
印　　刷	广东虎彩云印刷有限公司	
开　　本	787 mm×1092 mm　1/16　**印张** 8.5　**字数** 212 千字	
版次印次	2021 年 3 月第 1 版　2021 年 3 月第 1 次印刷	
定　　价	48.00 元	

(图书出现印装质量问题,本社负责调换)

前　言

　　底板突水是我国煤矿水害的主要形式,尤其是华北型煤田,底板突水引起的矿井水害普遍且突出。随着煤矿开采深度和开采强度的增加,采掘工作面底板承受的水压、地压越来越大,地质构造环境也越来越复杂,使得底板突水问题更为严重。有效遏制底板水害的发生,已成为华北型煤田众多矿井所共同面对的热点问题和技术难题。

　　我国除近水平煤层外,还有大量的倾斜煤层。倾斜煤层采场围岩应力分布状态具有明显的非对称特征,其下伏承压含水层沿煤层倾斜方向具有一定的水压梯度。如果应用近水平煤层的研究成果预测倾斜煤层的底板突水问题,则必然会造成承压水上倾斜煤层带压开采的安全隐患。因此,本书综合运用理论分析、数值模拟和现场监测相结合的方法,对倾斜煤层底板岩层的破坏特征及其阻隔水性能与突水预测进行了系统研究,以期实现承压水上倾斜煤层的安全带压开采。

　　全书共分8章,第1章论述了研究倾斜煤层底板破坏特征及其阻隔水性能与突水预测对实现承压水上倾斜煤层安全带压开采的必要性和重要性;第2章建立了倾斜煤层走向长壁开采沿煤层倾斜方向工作面底板及侧向底板力学模型,推导了沿煤层倾斜方向底板岩层内任意一点的应力及工作面侧向底板岩层的最大破坏深度表达式,分析了底板采动破坏深度及破坏形态;第3章建立了倾斜煤层走向长壁开采三维数值计算模型,分析了倾斜煤层走向长壁开采沿煤层倾斜方向工作面的侧向支承压力分布、底板应力分布、破坏深度及破坏形态;第4章在考虑沿煤层倾斜方向存在一定水压梯度的情况下,建立了线性增加水压力作用下的倾斜煤层底板隔水关键层力学模型,推导了基于拉伸和剪切破坏机理的倾斜隔水关键层失稳力学判据;第5章建立了承压水上倾斜煤层开采三维流固耦合数值计算模型,分析了承压水上倾斜煤层开采沿煤层倾斜方向工作面底板岩层的流固耦合破坏特征与承压渗透特性,划分了工作面底板突水危险区域;第6章分析了倾斜煤层底板隔水关键层的破断失稳特征和突水危险区域,并基于采场底板倾斜隔水关键层所能承受的最大底板承压含水层水压表达式,从多因素和单因素的角度分析了影响倾斜煤层底板隔水关键层阻隔水性能的主要因素及其影响规律;第7章利用井下高精度微震监测技术,对桃园煤矿承压水上1066倾斜煤层工作面底板采动破坏特征进行了连续、动态监测,划分了倾斜煤层工作面底板突水危险区域,并结合推导的倾斜煤层底板突水力学判据对倾斜煤层底板突水进行了预测;第 8 章总结了倾斜煤层底板破坏特征及其阻隔水性能与突水预测方面的研究成果。

本书是在第一作者的博士学位论文基础上撰写而成的,在此谨向导师王连国教授致以诚挚的感谢和崇高的敬意。在撰写本书的过程中,还得到了安徽理工大学赵光明教授的指导和帮助,特此表示衷心的感谢。另外,受澳大利亚伍伦贡大学任廷祥教授的邀请,自 2018 年 7 月至 2019 年 6 月,笔者在伍伦贡大学开展了为期一年的访问学习,任廷祥教授及课题组老师在本书章节安排和编写方面给予了指导和帮助,在此致以诚挚的感谢。此外,还要感谢研究生胡洋、刘鑫、李斌在数值计算、文献整理方面所做出的辛勤工作。

由于煤层底板突水机理的复杂性,在底板突水预测与防治方面还存在诸多困难,加之作者水平所限,书中难免存在不当之处,敬请读者批评指正。

孙 建

2020 年 6 月于安徽理工大学

目　录

1 绪 论

随着经济和人口的增长,世界面临着许多严峻的环境地质挑战。人类活动造成的水资源枯竭、地下水污染、地质灾害等是最为严重的环境地质问题[1-2]。而我国水资源严重不足,且分布不均匀,多数煤炭生产基地分布在缺水、干旱地区。在煤炭生产过程中,每年有超过61亿立方米的矿井水被排放,这不仅是一个严重的环境污染问题,而且更是一种水资源的浪费[3-4]。加强水资源管理,利用矿井水和地下水资源,预防矿井突水,可以有效缓解我国的水资源危机,促进我国产煤地区环境的协调发展和有效保护[5-7]。

1.1 研究背景与意义

我国煤炭资源丰富,产量高居世界首位,消费量在一次能源消费结构中占据首要地位。但我国煤矿水文地质条件复杂,受水害威胁矿井较多,且煤炭储量较大,如表 1-1 所示,从而使得煤矿开采过程中地质灾害时有发生[8-12]。据不完全统计,在过去 30 多年里,全国 250 多个矿井曾经被水淹没,死亡人数达 1 700 多人,造成的直接经济损失高达 350 多亿元人民币。我国华北型煤田主要为石炭二叠纪煤田,采煤工作面主要受到煤系基底巨厚奥陶系灰岩岩溶强含水层突水的威胁,已发生的重大突水与淹井事故大多数是煤层底板厚层灰岩岩溶强含水层的水突入采煤工作面造成的。由于煤矿水文地质条件复杂,煤层底部奥陶系灰岩含水层富水性较强,工作面受底板岩溶水害威胁严重,占一半以上煤炭储量的下部煤层很难开发利用。如何解放这些严重受承压水威胁的煤炭资源,实现煤矿的安全高效生产,始终是我国煤矿水害预测及防治研究的重点内容。

表 1-1 部分矿区受水害威胁的煤炭储量

矿区	总储量/亿吨	受水害威胁储量/亿吨	受水害威胁储量占总储量比例/%
焦作	5.65	4.95	87.60
峰峰			49.00
邯郸	70.00	35.00	55.40
邢台			75.00
韩城	12.70	7.83	61.70
澄合	3.26	2.20	67.50
肥城	4.00	2.50	62.50
霍州	1.37	0.81	59.10
合计	96.98	53.29	55.00

特别是随着浅部煤炭资源的枯竭,煤矿开采正逐渐向深部转移,从而导致采掘工作面底板承受的水压、地压越来越大,地质构造环境也越来越复杂,使得底板突水问题更为普遍且突出[13-17]。底板突水在造成经济损失和人员伤亡的同时,对矿区(地下)水资源与环境造成了严重的污染和破坏。因此,加强水资源管理,有效利用矿井(地下)水资源,遏制矿井水害的发生,已成为人类所共同面对的热点问题和技术难题。

煤层底板突水一直是我国煤矿生产中存在的重大灾害之一,严重威胁着煤矿的安全生产。导致煤层底板突水的因素众多,目前煤层底板突水机理及突水预测仍是没有彻底解决的难题,特别是随着煤矿开采深度和开采强度的增大,底板承压水头压力、采场围岩地应力等随之增高,底板突水危险性相应增大,对底板突水机理及突水预测研究提出了更高、更新的要求。目前,许多专家学者在煤层底板突水机理方面做了大量的研究工作,形成了比较系统的理论知识,积累了较为丰富的现场经验,但对某些特殊条件下的底板突水机理及突水预测的研究还不够深入,如非均布水压作用下倾斜煤层底板的破坏特征及突水机理的研究。另外,倾斜煤层工作面采宽及煤层倾角对底板采动破坏深度的影响规律、底板隔水层的不同岩性组合方式对采动应力及含水层水压力的阻抗作用等均有待进一步深入研究。因此,开展采动条件下倾斜煤层底板破坏特征及突水机理与突水预测方面的研究,完善底板突水防治技术,对于丰富和发展底板突水机理研究及突水预测技术的推广,解放严重受高承压水威胁的深部煤炭资源,提高我国煤炭资源采出率及利用率具有重要的现实意义。

1.2　国内外研究现状

底板突水是工作面下伏承压含水层内的承压水冲破底板岩层的阻隔,沿采煤工作面底板采动导水破坏带内的导水通道,以突发、缓发或滞发的方式向上涌入采煤工作面的过程。作为一种综合水文地质现象,采煤工作面底板突水受到许多因素的影响,如底板采动导水破坏带的深度和分布形态、下伏承压含水层的水压和含水量、工作面底板岩层的岩性组合、底板隔水层岩体的构造及工作面回采工艺和方法等。近30年来,国内外许多学者对采煤工作面底板岩体应力分布特征、变形破坏特征及底板突水机理进行了大量研究,取得了丰富、有益的研究成果,相继提出了"相对隔水层厚度""水-岩应力""零位破坏与原位张裂""隔水关键层"及"下三带"等理论学说,这些研究从各个方面揭示了底板岩层应力分布特征、变形破坏特征及底板突水机理,对煤矿安全生产起到了积极的指导作用[18]。

1.2.1　底板应力分布与破坏特征

煤层开采前,顶底板岩层处于应力平衡状态;煤层开采后,采场围岩应力重新分布,形成应力集中区和应力降低区,造成采场顶底板岩层变形破坏。因此,研究采场底板应力分布、采动破坏深度及其影响范围是实现承压水上安全开采、确定底板巷道合理位置以及判断上层煤开采对下层煤采动影响的前提和依据[19-23]。大量学者基于弹性力学的空间半无限体理论,结合 Mohr-Coulomb(莫尔-库仑)屈服准则,借助数值模拟方法,对煤层底板应力分布、破坏深度进行了研究。王连国等[24]建立了综合考虑工作面走向与倾向受力特点的空间半无限体模型,推导了采场底板垂直应力的迭代计算公式,结合 Mohr-Coulomb 屈服准则计算了底板最大破坏深度,并与微震监测结果进行了对比分析。孟祥瑞等[25]根据工作面前方支承压力分布规律,建立了采场底板任意一点应力计算的弹性力学模型,利用 Mohr-Coulomb 屈服准则给出了底板岩体破坏判据,并结合数值模拟方法分析了孙疃煤矿 1028 工作面的底板应力分布和破坏机理。李江华等[26]以赵固二矿为工程背景,通过有限元数值计算方法对底板破坏规律进行了研究,采用矿井对称四极电剖面法对不同采高底板破坏深度进行了实测,并运用 SPSS 软件对 4 个底板采动破坏影响因素与底板破坏深度的关系进行了多元统计回归分析。张蕊等[27]以某煤矿深部综放工作面开采为工程背景,在采用应变法确定煤层底板不同深度岩体变形破坏的基础上,结合数值模拟结果,探讨了大采深厚煤层工作面底板岩体变形破坏的基本规律。冯强等[28]将采场底板应力场分解为初始应力场和开挖应力场,同时考虑侧帮支承压力,建立了底板岩层力学模型,采用积分变换法对底板应力场和位移场进行了解析计算,并依据 Mohr-Coulomb 屈服准则确定了底板岩层塑性破坏深度。刘伟韬等[29]综合考虑工作面倾斜长度、采高、采深、底板岩层力学参数和承压水水压等因素,采用 FLAC 软件模拟了上述因素对底板采动破坏深度的影响,并利用正交试验研究了影响底板破坏深度的主控因素敏感性。

"带压开采"是承压水上采煤的主要方法,实现带压开采的关键是正确认识煤层底板在采动应力和承压水压力共同作用下的破坏机理,确定底板采动破坏深度和范围[30-31]。"下三带"理论[32-33]把开采后的煤层底板岩层自上而下分为底板采动导水破坏带、保护层带(完整岩层带)和承压水导升带。王作宇等[34-35]利用滑移线场理论分析了底板采动导水破坏带深度及破坏形态。雷文杰等[36]采用有限元强度折减法求得底板岩体破坏滑移面,证明其滑移线与理论形态相接近。张金才等[37]将完整岩层带视作板模型,采用弹塑性力学理论推导了底板完整岩层所能承受的极限水压力计算公式,对煤层底板突水进行了预测。左宇军等[38]应用突变理论研究了底板关键层在动力扰动下的失稳规律,给出了失稳判据。王经明[39-40]研究了承压水在上覆隔水层中的侵入导升现象,确认了承压水导升带的存在。"下三带"理论认为,对底板隔水层隔水能力影响最大的因素是底板采动导水破坏带深度,目前主要依据经验公式及现场观测来确定底板采动导水破坏带深度。由于煤层赋存条件的复杂性和开采方法的多样性,利用经验公式确定的底板采动导水破坏带深度与实际的破坏深度可能存在较大的误差[41-43]。而底板采动导水破坏带深度的现场观测,主要通过钻孔注、放水试验以观测煤层开采后引起的底板采动破坏裂隙深度,或在钻孔中设置位移或压力传感器以观测底板在采动前后位移或压力的变化情况[44-45]。由于钻孔数量的有限性及现场施工条件的复杂性,这种静态的现场观测法所确定的底板采动导水破坏带深度具有局限性,与实际的破坏深度之间可能存在较大的误差,尤其是确定倾斜煤层的底板采动导水破坏带深度。

我国煤炭资源丰富,煤层赋存条件多样,水文地质条件复杂,煤层倾角变化较大。除了倾角较小的近水平煤层外,还有倾角较大的倾斜煤层。倾斜煤层采场围岩变形破坏特征明显不同于近水平煤层的,以往研究中人们只注重研究近水平煤层开采后采场底板岩层的变形破坏特征,对倾斜煤层底板应力分布、破坏深度、破坏形态及范围的研究较少。刘伟韬等[46]在已有研究基础上,依据弹性力学中的空间半无限体理论,建立了沿煤层倾斜方向底板破坏深度计算力学模型;通过正交试验方案设计,利用 FLAC 数值软件对工作面底板破坏深度各主控因素的敏感性进行模拟分析。陈继刚等[47]采用分段注水装置、钻孔电视系统、地质雷达对大采深特厚倾斜煤层综放开采底板破坏深度进行了探测,对采动前后底板裂隙数量与钻孔深度、裂隙宽度与数量的关系进行了数字化分析,并就采动后底板应力变化和塑性区特征进行了数值模拟。由于倾斜煤层的采场底板应力(垂直应力、剪应力)分布、破坏特征(破坏深度、破坏形态)完全不同于近水平煤层的,且受煤层倾角、煤层埋深、工作面宽度等因素影响较大,相关研究仍需要进一步深入。

1.2.2 底板流固耦合破坏特征与承压渗透特性

底板突水严重威胁着煤矿的安全生产,它是在采动应力和承压水压力共同作用下,底板岩层变形破坏导致承压水大量涌入采掘空间的现象。随着煤矿开采深度和开采强度的增大,工作面底板受奥灰岩溶水的威胁日益严重,突水预测及防治问题更为突出[48]。煤层开采前,底板承压水沿上部泥岩或砂岩中的原生裂隙入侵到一定的高度,形成原始导升带;煤层开采后,底板岩层的应力场和渗流场发生变化,承压水的入侵高度向上递进导升,形成递进导升带(承压水导升带);当递进导升带与底板采动导水破坏带贯通时即发展为底板突水[49]。因此,底板突水是采动应力与承压水压力耦合作用的结果,从流固耦合的角度才能更好地揭示底板突水机理,预测及防治底板突水。

大量学者基于流固耦合机理对煤层底板突水进行了相关研究。胡峰华等[50]运用FLAC³ᴰ数值模拟软件中的流固耦合模块,模拟煤层开采过程中工作面底板塑性区、底板压力变化以及动态开采中水流矢量分布特征。姚多喜等[51]应用三维快速拉格朗日流固耦合分析模块,采用变渗透系数方法,对采煤工作面底板岩体采动-渗流-应变机制进行数值模拟研究。胡巍等[52]在FLAC³ᴰ中实现了有限元强度折减法,并应用于模拟煤层底板突水。李文敏等[53]利用FLAC³ᴰ强大的流固耦合功能,建立带压开采工作面的数值分析模型,模拟分析开挖煤层底板岩层位移、应力分布规律及承压水在底板隔水层中的导升高度。但上述流固耦合是通过对模型中不同岩层赋予某一固定的渗透系数实现的,假设煤层开采过程中采场围岩的渗透性不发生变化,仅孔隙水压力随采动应力变化而变化;而在实际的煤层开采过程中,采场围岩渗透性不断发生变化,从而使流体渗透力也发生变化,渗透力的变化又会导致有效采动应力发生变化,二者相互影响,实现流固耦合效应。为此,翟晓荣等[54]基于FLAC³ᴰ内置的FISH语言,对流固耦合条件下三种不同组合特征底板采动应力及围岩渗透性进行模拟研究。赵延林等[55]基于承压溶洞突水灾变的流固耦合理论和防突岩柱的强度折减法思想,构建巷道前伏溶洞突水的流固耦合-强度折减法的联动分析方法,探讨防突岩柱的流固耦合效应和安全储备。

煤层倾斜赋存条件下底板岩层所受下伏承压含水层的水压不再是均布的,而是沿煤层倾斜方向按一定梯度分布的。同时,倾斜采场围岩应力分布状态的非对称特征使得工作面顶底板岩层的破坏特征不同于近水平煤层的。但上述研究成果多基于近水平煤层的工程背景,承压水上倾斜煤层底板流固耦合破坏特征与承压渗透特性等相关问题仍需要进一步深入研究。

1.2.3 底板岩层稳定性与阻隔水性能

早在20世纪初,国外就有人注意到底板隔水层的作用,认识到隔水层越厚则突水次数越少,突水量也越小。20世纪40年代至50年代,匈牙利学者韦格弗伦斯第一次提出隔水层厚度同水压之比的底板相对隔水层的概念,指出突水不仅与隔水层厚度有关,还与水压有关;其间,苏联学者B.斯列萨列夫将煤层底板视作两端固支的承受均布载荷作用的水平直梁,并结合强度理论推导出底板理论安全水压的计算公式。60年代至70年代,匈牙利国家矿业技术鉴定委员会将相对隔水层厚度的概念列入《矿业安全规程》,并对不同地质条件的矿井作了规定和说明;苏联和南斯拉夫等国家的学者这期间也开始研究相对隔水层,包括采空区引起的应力变化对相对隔水层厚度的影响,以及水流和岩石结构关系等。70年代末期至80年代,很多国家的岩石力学工作者在研究矿柱的稳定性时,都研究了底板的破坏机理,其中最有代表性的是C. F. Santos和Z. T. Bieniawski,他们基于改进的Hoek-Brown岩体强度准则,并引入临界能量释放点的概念,分析了底板的承载能力[56]。世界上一些主要采煤国家,如美国、加拿大、澳大利亚及部分欧洲国家,由于其煤层赋存水文地质条件远不如我国复杂,开展矿井水害方面的研究不多[57]。

矿井突水问题一直是制约我国煤矿安全生产的重大技术难题,特别是随着浅部煤炭资源的枯竭,煤矿开采正逐渐向深部转移,采掘工作面底板承受的水压、地压越来越大,地质构造环境越来越复杂,从而使得底板突水问题更为普遍且突出[58]。针对煤矿生产过程中断层突水、底板突水的预测与防治问题,我国学者开展了大量的科研工作,相继提出了突水系数法、"下三带"理论、原位张裂与零位破坏理论、板模型理论、关键层理论、突水优势面理论、强渗流说、岩-水应力关系说等突水判据和理论,形成了包括防水煤岩柱留设、双降采煤、底板注浆等突水防治方法。国内外学者针对煤矿生产过程中的底板突水机理、突水预测与防治问题开展了大量的研究工作,其中"下三带"理论认为底板突水与否关键取决于开采后底板保护层带存在与否及其阻隔水性能高低。为此,张金才等[59]将开采后底板剩余完整岩层带简化为一整块各向同性受均布载荷作用的四边固支板模型,采用弹塑性力学理论,结合Tresca屈服准则求解了底板剩余完整岩层的抗剪和抗拉强度,推导了底板所能承受的极限水压计算公式;钱鸣高等[60]将开采后底板剩余完整岩层带内强度最高的一层岩层作为底板关键层,利用薄板强度理论研究了底板关键层极限破断步距;缪协兴等[61-62]依据关键层理论提出了隔水关键层的概念,并将隔水关键层简化为两端固支受均布载荷作用的组合岩梁模型,分析了隔水关键层的强度特征和隔水性能。

目前,受底板岩溶承压水严重威胁矿区的煤层开采主要采用"深降强排"和"带压开采"两种方法。深降强排法开采虽然技术可靠性较高,但疏排降压代价较大,不仅会使生产成本明显提高,而且会造成矿区水资源与环境的严重污染和破坏。与此相比,实现承压水体上带压开采不仅具有生产成本低的优点,而且可以有效减低对矿区水资源与环境的污染和破坏。带压开采符合科学开采的理念,但其在技术上难度较大,能否安全带压开采,关键取决于煤层底板隔水层阻水能力的强弱。因此,对采动后底板岩层的稳定性及阻隔水性能的研究,可以为承压水上安全带压开采提供有效的指导。上述研究成果多基于近水平煤层的工程背景,将煤层底板隔水岩层简化为固支(简支)的水平岩板(梁),而底板含水层水压则处理为均布载荷水压,在建立底板隔水岩层力学(数值)模型的基础上,对底板隔水岩层的稳定性及阻隔水性能进行分析。然而,对于倾角较大的倾斜煤层,采场上覆岩层作用在煤层顶底板上的载荷除了有垂直岩层面方向的,还有平行于岩层面方向的,且垂直于岩层面的载荷因工作面两侧巷道埋深的不同而不再均匀分布[63-64]。倾斜煤层采场围岩受载状态具有明显的非对称特征,导致其顶底板岩层破坏特征完全不同于倾角较小的近水平煤层[65-66]。另外,煤层在倾斜赋存条件下,底板隔水岩层所受到的下伏承压含水层的水压也不再是均布水压,而是沿煤层倾斜方向存在一定梯度的水压。倾斜煤层底板隔水岩层受载特征的非对称性表明,如果应用近水平煤层的研究成果预测倾斜煤层的底板突水问题,则必然会造成较大的预测误差,导致承压水上倾斜煤层安全带压开采的安全隐患。因此,有必要对倾斜煤层底板岩层的稳定性及阻隔水性能进行研究,以期实现承压水上倾斜煤层的安全带压开采。

1.2.4 底板破坏探测技术与突水预测

在对煤层底板应力分布、破坏特征与突水机理进行理论研究的同时,国内外学者也十分重视底板应力分布、破坏特征探测技术的开发与研制。20 世纪 80 年代后期,伴随着电子信息工业的发展,国外的物探技术有了很大的进步,如出现了 Petor-osnde 地电探测仪(美国 GI 公司制造)、GR-810 型全自动地下勘探仪(日本 VCI 公司研制)等,这些电子仪器能较为精确地探测底板岩层的变形破坏深度,为承压水上煤层的安全开采作出了重大贡献。另外,匈牙利、南斯拉夫等国家采用偶极电阻率法、激发极化法等探测地下含水层,澳大利亚、加拿大、南非等国家还利用微震法探测采场围岩破坏程度及破坏范围等[67-68]。

我国对煤矿水害探测防治技术的研究也十分重视,手段主要有钻孔分段注水法、岩层移动钻孔探测法、地球物理探测法及水文地质钻孔探测法等[69]。每种方法都能很好探测出底板岩层的破坏深度,从而为分析底板岩层的变形破坏特征提供物探技术支持。目前,现场实测主要采用钻孔注(放)水试验以观测煤层开采后引起的底板采动破坏深度,或在钻孔中设置位移(压力)传感器以观测底板在采动前后位移(压力)的变化情况,以此确定底板采动破坏深度。但是,钻孔数量的有限性以及现场施工条件的复杂性,使得这类静态的现场观测法所确定的底板采动破坏深度具有点的局限性,不能够反映煤层底板的整体破坏深度及破坏形态。一般的钻孔注水观测试验沿着煤层底板倾斜剖面布置、打设钻孔,钻孔终孔于底板法线方向岩层内。鉴于单孔注(放)水方法的局限性,后来又产生了多回路钻孔注水法,即通过在井下巷道内向上或向下打设任意仰角或俯角的钻孔,然后进行分段式注(放)水。但通过在井下打设钻孔进行注水试验来观测底板采动破坏深度,费时且成本较高。

近年来,三维物探技术得到了显著的发展,如出现了地质雷达技术,该技术基于不同岩性岩层对电磁波吸收情况的不同,利用电磁波在未破坏岩层和破坏岩层中的差异来探测底板采动破坏深度(破坏的岩层对电磁波吸收较好,其中电磁波波速较小;而未破坏的岩层对电磁波吸收较差,其中电磁波波速较大)。地质雷达方法相对钻孔注(放)水施工简单、省时、成本低,观测结果直观。但是地质雷达方法受趋肤效应的影响,探测深度有限,受井下支架和刮板等金属环境影响很大。震波探测技术运用弹性波勘探原理,采用锤击、爆炸、声发射等激震产生波场,在物体外部测量波场数据,依据一定的物理和数学关系反演物体内部物理量的分布,最后得到清晰的、不重叠的分布图像。岩石的震波波速与岩石的物理力学性质有着显著的相关性,震波波速与岩石的抗压强度呈正比关系,波速增高,岩体强度增加,说明岩体完整性好;反之,波速降低,岩石强度减小,岩体完整性降低。因此,将震波走时层析成像的波速切面与地质剖面结合进行对比,即可得探测 CT 成像结果。震波 CT 成像技术的优点是结果更加直观,缺点是井下施工需要布置钻孔,对检波器的精度要求较高,数据采集费时。此外,煤矿井下网络并行电法、直流电法、瞬变电磁法、煤层槽波法、无线电波坑透法等矿井物探技术和方法[70-72]也得到了进一步的发展,这些方法在煤层底板破坏带监测及底板突水预测方面发挥了一定的积极作用,对矿井水害防治起到了重要保障作用。但这些方法监测到的底板破坏带是底板某一时刻的破坏情况,是静态的,不能反映底板随工作面推进的动态破坏过程。井下防爆微地震监测仪的成功研制为实时、动态、三维监测底板采动破坏及采场围岩的稳定状况提供了新的物探技术和方法手段[73-74]。

1.3　主要存在问题

我国煤层赋存条件千差万别,在中国各类煤层的可采储量占总可采储量的比例中,近水平及缓倾斜煤层为 85.96%,倾斜煤层为 10.16%,急倾斜煤层为 3.88%[75]。倾斜煤层多指煤层倾角大于 25°而小于 45°的煤层,虽然倾斜煤层总的储量和历年产量所占比例不大,但矿井数量众多,且煤质优良,具有很高的开采价值。据不完全统计,全国重点矿区有 20 多处 100 多个矿井正在进行倾斜煤层的开采,约占全国重点矿井数量的六分之一,且大部分矿井受到底板灰岩岩溶强含水层突水威胁。随着经济的发展和社会的进步,人类对矿产资源的需求越来越多,矿井开采深度和开采强度不断增大,部分矿区已经出现资源储备不足的现象,许多矿井不得不由条件相对优越的煤层开采转向条件复杂的倾斜煤层开采。

目前,我国对近水平和缓倾斜煤层底板破坏特征、突水机理与突水预测的研究已经有了较为成熟的理论和实践基础。而对于倾斜煤层开采,在煤层底板岩体的变形破坏规律、底板突水机理与突水预测方面的研究还很不完善。倾斜煤层采场围岩变形破坏特征明显不同于近水平煤层,以往研究中,人们只注重研究近水平煤层开采后采场底板岩层的变形破坏特征,对倾斜煤层底板应力分布、破坏深度、破坏形态及范围与突水预测方面的研究较少。因此,为了保证矿区的安全高效生产和可持续发展,有必要在以下方面进一步加强采动条件下倾斜煤层底板破坏特征及其阻隔水性能与突水机理等的研究[76]。

(1) 加强煤层倾角与底板采动导水破坏带深度、分布形态之间关系的研究。工作面开采宽度、开采深度、煤层厚度以及煤层倾角是与底板采动导水破坏带深度、分布形态直接而密切相关的因素。对于近水平及缓倾斜煤层,众多科研工作者通过理论分析及大量现场统计资料回归分析,普遍认为工作面开采宽度是影响底板采动导水破坏带深度的最主要因素,并给出了二者的线性定量关系。而对于倾斜煤层,有关煤层倾角对底板采动导水破坏带深度及分布形态的影响研究较少,有必要进一步深入研究。

(2) 加强承压含水层水压对底板隔水层破坏作用的研究。在底板变形破坏特征研究方面,人们忽视了承压含水层水压对底板隔水层的破坏作用,将煤层底板隔水层与下伏承压含水层分开来研究,或只将作用在底板隔水层上的水压作为一种均布载荷对待,较少考虑岩体与水的耦合作用。尤其对于倾斜煤层底板隔水层,其受到下伏承压含水层非均匀水压的作用,因此倾斜煤层底板隔水层的破坏特征与近水平及缓倾斜煤层底板破坏特征不同,且底板易于突水的位置也有所不同。因此,有必要对非均匀水压作用下倾斜煤层底板破坏特征与突水机理进行深入研究。

(3) 加强对底板突水流固耦合破坏特征的研究。煤层底板突水问题实质上是涉及矿山压力、水动力学、岩石力学、工程地质学及水文地质学等多学科交叉的工程问题,它是在特定的地质结构、地下含水层、采场围岩应力及采动应力作用下发生的底板承压水涌入采掘空间的现象。因此,解决煤层底板突水问题应在考虑采动应力、含水层水压、采场围岩应力、地质构造等影响因素的基础上,从采动应力和水压耦合作用的角度出发,应用底板突水流固耦合的特征来研究包含底板岩体在内的采场岩体系统的变形、破坏及突水过程。

（4）加强不同岩性岩层组合对底板承压水阻隔水性能的研究。底板岩层的岩性组合是影响底板破坏、突水的重要因素，属于"内因"。不同岩性的底板岩层组合在采动应力和水压共同作用下，其岩体变形破坏特征不同。研究不同岩性组合下底板岩体的变形破坏特征对底板突水的预测及防治具有重要指导作用，有必要进一步深入研究。

（5）重视对底板破坏与突水预测现场探测技术的研究。现场实测主要应用物探、钻孔注（放）水等手段来观测底板采动破坏情况，依据底板岩体变形破坏程度，结合矿井具体的水文地质资料对底板突水进行预测。目前，应用较多的有钻孔注（放）水法、地质雷达技术及直流电阻率法等。但钻孔注（放）水法所确定的底板岩体破坏深度具有点式间断的局限性，如果整个工作面布设足够多的钻孔，则费用较高、工程量大，在井下不易操作，而且在时间上钻探资料仅代表底板破坏的瞬时值。地质雷达技术、直流电阻率法等所确定的底板岩体破坏情况，只代表底板在某一瞬时的破坏情况，而底板岩体的变形破坏是一个动态过程。因此，有必要实现底板岩体的三维、连续、实时物探监测与动态反演。

综上所述，对煤层底板突水的研究仍存在很多问题，特别是对于倾斜煤层底板突水机理与突水预测的问题，需要进一步深入研究。解决煤层底板突水问题，应在考虑采动应力、含水层水压、采场围岩应力、地质构造等影响因素的基础上，采用理论分析、数值模拟、相似试验及现场监测等手段，从应力场和渗流场耦合作用的角度出发，研究煤层底板隔水层在采动应力和承压水压力共同作用下的变形破坏，预测底板突水，实现承压水上煤层的安全高效开采。

1.4　主要研究内容

鉴于承压水上倾斜煤层开采过程中底板岩层的应力分布、破坏失稳特征、突水演化规律及突水危险区域不同于近水平煤层，如果应用近水平煤层的研究成果预测倾斜煤层的底板突水问题，则必然会造成较大的预测误差、导致承压水上倾斜煤层带压开采的安全隐患。因此，本书采用理论分析、数值模拟与现场监测相结合的手段，从采动应力和承压水压力对底板岩层共同作用的角度出发，研究倾斜煤层底板的变形破坏特征、突水机理及突水预测方法。开展的主要研究内容如下，采用的研究技术路线如图1-1所示。

（1）依据倾斜煤层赋存特征，建立倾斜煤层走向长壁开采沿煤层倾斜方向工作面底板及其侧向底板力学模型。采用弹性力学理论，结合Mohr-Coulomb屈服准则，推导沿煤层倾斜方向底板岩层内任意一点的应力及工作面侧向底板岩层的最大破坏深度表达式。理论分析倾斜煤层工作面底板的应力分布、破坏深度及破坏形态和范围，将底板采动导水破坏带沿煤层倾斜方向划分为三个不同区域，并分析三个不同区域的破坏形态。

（2）依据倾斜煤层赋存特征，利用FLAC³ᴰ数值计算软件，建立倾斜煤层走向长壁开采工作面三维数值计算模型，模拟分析倾斜煤层在不同埋深、不同工作面宽度时，沿煤层倾斜方向工作面侧向支承压力分布、底板应力分布、破坏深度及破坏形态随煤层倾角的变化规律。

（3）基于承压水上倾斜煤层底板岩层所受载荷的非对称特征，在考虑沿煤层倾斜方向存在一定水压梯度的情况下，依据隔水关键层理论，建立线性增加水压作用下的倾斜煤层底板隔水关键层力学模型。采用弹性薄板理论，分析倾斜隔水关键层的力学特性，通过引入

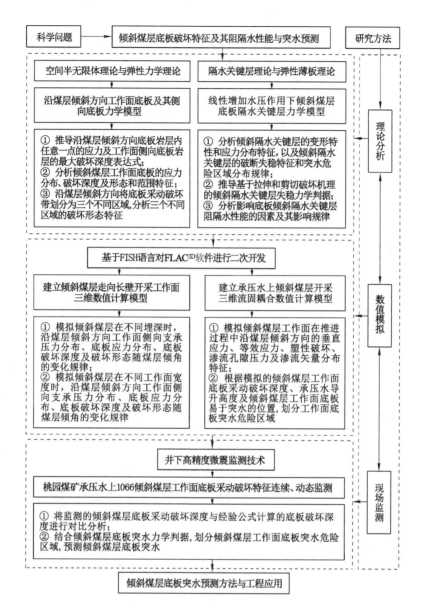

图 1-1 研究技术路线

Griffith(格里菲斯)和 Mohr-Coulomb 两种屈服准则,推导基于拉伸和剪切破坏机理的倾斜隔水关键层失稳力学判据,并应用于现场倾斜煤层底板隔水关键层的稳定性分析。

(4) 以具体的承压水上倾斜煤层走向长壁开采为研究对象,基于 FISH 语言对 FLAC³ᴰ 软件进行二次开发,建立承压水上倾斜煤层开采三维流固耦合数值计算模型。模拟研究倾斜煤层工作面在推进过程中沿煤层倾斜方向的垂直应力、等效应力、塑性破坏、渗流孔隙压力及渗流矢量分布特征,分析倾斜煤层工作面底板采动破坏深度、承压水导升高度及倾斜煤层工作面底板易于突水的位置,划分工作面底板突水危险区域,为承压水上倾斜煤层底板突水预测及防治提供依据。

（5）依据倾斜煤层底板隔水关键层的变形特性和应力分布特征，分析倾斜煤层底板隔水关键层的破断失稳特征和突水危险区域。基于推导出的采场底板倾斜隔水关键层所能承受的最大底板承压含水层水压表达式，从多因素和单因素的角度分析影响倾斜煤层底板隔水关键层阻隔水性能的主要因素及其影响规律。

（6）利用井下高精度微震监测技术，对桃园煤矿承压水上 1066 倾斜煤层工作面底板采动破坏特征进行连续、动态监测，将监测的倾斜煤层底板采动破坏深度与经验公式计算的底板破坏深度进行对比分析。结合倾斜煤层底板突水力学判据，划分倾斜煤层工作面底板突水危险区域，预测倾斜煤层底板突水。

2 倾斜煤层底板破坏特征力学分析

煤层开采前,顶底板岩层处于应力平衡状态;煤层开采后,采场围岩应力重新分布,形成应力集中区和应力降低区,从而造成采场顶底板岩层变形破坏。因此,研究采场底板应力分布、破坏深度及破坏形态和范围是实现承压水上煤层安全开采、确定底板巷道合理位置以及判断上层煤开采对下层煤采动影响的前提和重要依据。本章依据倾斜煤层赋存特征,建立倾斜煤层走向长壁开采沿煤层倾斜方向工作面底板及其侧向底板力学模型;采用弹性力学理论,结合 Mohr-Coulomb 屈服准则,推导沿煤层倾斜方向底板岩层内任意一点的应力及工作面侧向底板岩层的最大破坏深度表达式[77]。在此基础上,将底板采动导水破坏带沿煤层倾斜方向划分为三个不同区域,并分析了三个不同区域的破坏形态特征[78]。

2.1 沿煤层倾斜方向底板应力分布

2.1.1 沿煤层倾斜方向工作面底板力学模型

理论分析及现场监测表明,无论是近水平煤层,还是倾斜煤层,煤层开采后都会在工作面前方形成超前支承压力,在工作面两侧形成侧向支承压力,形成应力增高区和应力降低区,从而造成采场围岩变形破坏。图 2-1 为倾斜煤层赋存示意,其在竖直方向受到上覆岩层竖直向下自重载荷的作用。倾斜煤层开采后,在工作面前方形成超前支承压力,在工作面两侧形成侧向支承压力,将采场覆岩应力传递至采场围岩内,造成采场围岩变形破坏。由于煤层的倾斜,采场围岩变形破坏特征明显不同于近水平煤层。在倾斜条件下,煤层顶底板岩层受力情况十分复杂,倾斜煤层采场围岩支承压力分布除了具有近水平煤层采场围岩支承压力分布的特点,还具有倾斜煤层采场围岩应力分布的自身特点。图 2-2 为倾斜煤层走向长壁开采时(工作面沿煤层倾斜方向布置),沿煤层倾斜方向工作面侧向支承压力分布示意图。倾斜煤层工作面上下两侧巷道埋深不同,使得工作面上下两侧的侧向支承压力峰值、峰值分布范围及距离巷道煤壁的远近也不相同,这是倾斜煤层采场侧向支承压力分布的特点,不同于近水平煤层的。

为研究走向长壁开采沿煤层倾斜方向工作面底板应力分布规律,将倾斜煤层沿煤层倾斜方向的工作面底板岩层简化为空间半无限体,将工作面两侧的侧向支承压力分解为垂直于煤层的横向力及平行于煤层的纵向力,并将其简化为线性载荷加载到空间半无限体上,建立如图 2-3 所示的倾斜煤层走向长壁开采沿煤层倾斜方向工作面底板力学模型。图 2-3 中,煤层倾角为 α,工作面上侧巷道处煤层埋深为 H,垮落带高度为 H_m,底板岩层重度为 γ;O、a、b、c、d、e、f、g 为线性分布载荷的拐点在 X 轴上的垂直投影点,s_1、s_2、s_3、s_4、s_5、s_6、s_7 为相邻两拐点垂直投影点之间的距离。设 k_1、k_2、k_3、k_4 为侧向支承压力集中系

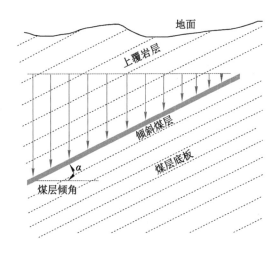

图 2-1 倾斜煤层受上覆岩层自重载荷作用示意

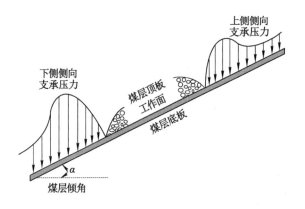

图 2-2 倾斜煤层走向长壁开采沿煤层倾斜方向工作面侧向支承压力分布

数,满足 $k_1 > k_2 > 1 > k_3 > k_4$;其中,载荷①、②、③、④、⑤、⑥、⑦为简化支承压力在垂直于煤层方向的横向分力(横向力使煤层底板产生压破坏),载荷⑧、⑨、⑩、⑪、⑫、⑬、⑭为简化支承压力在平行于煤层方向的纵向分力(纵向力产生沿煤层斜向下的剪切力,使底板岩层滑移,发生剪切破坏)。垮落带在工作面底板岩层内产生的横向载荷④为 $\gamma H_m \cos \alpha$,纵向载荷⑪为 $\gamma H_m \sin \alpha$。横向载荷由工作面上侧边缘 O 点的 $k_4 \gamma H \cos \alpha$ 线性增加到 a 点的 $k_2 \gamma (H + x_a \sin \alpha) \cos \alpha$,然后再降低到 b 点的原岩应力 $\gamma (H + x_b \sin \alpha) \cos \alpha$;由工作面下侧边缘 d 点的 $k_3 \gamma (H + x_d \sin \alpha) \cos \alpha$ 线性增加到 e 点的 $k_1 \gamma (H + x_e \sin \alpha) \cos \alpha$ 后,再降低到 f 点的原岩应力 $\gamma (H + x_f \sin \alpha) \cos \alpha$。而纵向载荷由工作面上侧边缘 O 点的 $k_4 \gamma H \sin \alpha$ 线性增加到 a 点的 $k_2 \gamma (H + x_a \sin \alpha) \sin \alpha$,然后再降低到 b 点的原岩应力 $\gamma (H + x_b \sin \alpha) \sin \alpha$;由工作面下边缘 d 点的 $k_3 \gamma (H + x_d \sin \alpha) \sin \alpha$ 线性增加到 e 点的 $k_1 \gamma (H + x_e \sin \alpha) \sin \alpha$,然后再降低到 f 点的原岩应力 $\gamma (H + x_f \sin \alpha) \sin \alpha$。

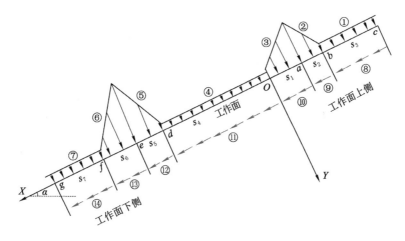

图 2-3 倾斜煤层走向长壁开采沿煤层倾斜方向工作面底板力学模型

2.1.2 沿煤层倾斜方向工作面底板应力表达式

由弹性力学理论可知[79],作用在均质各向同性空间半无限平面体边界上的微小横向应力载荷 $q_1 \mathrm{d}\xi$(垂直于空间半无限平面体),如图 2-4(a)所示,其在底板岩层中任意一点 $M(x,y)$ 引起的应力为

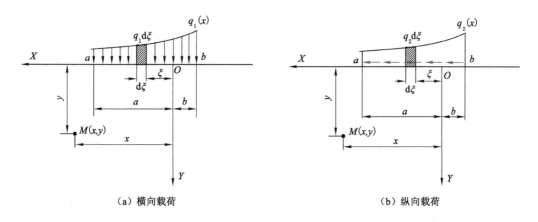

（a）横向载荷   （b）纵向载荷

图 2-4 底板岩层受分布载荷作用下的计算示意

$$\begin{cases} \mathrm{d}\sigma_x = \dfrac{2q_1 \mathrm{d}\xi}{\pi} \dfrac{(x-\xi)^2 y}{\left[(x-\xi)^2 + y^2\right]^2} \\[3mm] \mathrm{d}\sigma_y = \dfrac{2q_1 \mathrm{d}\xi}{\pi} \dfrac{y^3}{\left[(x-\xi)^2 + y^2\right]^2} \\[3mm] \mathrm{d}\tau_{xy} = \dfrac{2q_1 \mathrm{d}\xi}{\pi} \dfrac{(x-\xi) y^2}{\left[(x-\xi)^2 + y^2\right]^2} \end{cases} \qquad (2\text{-}1)$$

为了求出全部横向分布载荷在底板岩层中产生的应力,只须将所有的微小集中力所引起的应力进行叠加,对式(2-1)积分后得式(2-2)。

$$\begin{cases} \sigma_x = \dfrac{2}{\pi} \displaystyle\int_{-b}^{a} \dfrac{q_1(x-\xi)^2 y}{[(x-\xi)^2 + y^2]^2} \mathrm{d}\xi \\[3mm] \sigma_y = \dfrac{2}{\pi} \displaystyle\int_{-b}^{a} \dfrac{q_1 y^3}{[(x-\xi)^2 + y^2]^2} \mathrm{d}\xi \\[3mm] \tau_{xy} = \dfrac{2}{\pi} \displaystyle\int_{-b}^{a} \dfrac{q_1(x-\xi) y^2}{[(x-\xi)^2 + y^2]^2} \mathrm{d}\xi \end{cases} \tag{2-2}$$

同理,作用在均质各向同性空间半无限平面体边界上的微小纵向应力载荷 $q_2 \mathrm{d}\xi$(平行于空间半无限平面体),如图 2-4(b)所示,其在底板岩层中任意一点 $M(x,y)$ 引起的应力为

$$\begin{cases} \mathrm{d}\sigma_x = \dfrac{2q_2 \mathrm{d}\xi}{\pi} \dfrac{(x-\xi)^3}{[(x-\xi)^2 + y^2]^2} \\[3mm] \mathrm{d}\sigma_y = \dfrac{2q_2 \mathrm{d}\xi}{\pi} \dfrac{(x-\xi) y^2}{[(x-\xi)^2 + y^2]^2} \\[3mm] \mathrm{d}\tau_{xy} = \dfrac{2q_2 \mathrm{d}\xi}{\pi} \dfrac{(x-\xi)^2 y}{[(x-\xi)^2 + y^2]^2} \end{cases} \tag{2-3}$$

为了求出全部纵向分布载荷在底板岩层中产生的应力,只须将各个微小集中力所引起的应力进行叠加,对式(2-3)积分后得式(2-4)。

$$\begin{cases} \sigma_x = \dfrac{2}{\pi} \displaystyle\int_{-b}^{a} \dfrac{q_2(x-\xi)^3}{[(x-\xi)^2 + y^2]^2} \mathrm{d}\xi \\[3mm] \sigma_y = \dfrac{2}{\pi} \displaystyle\int_{-b}^{a} \dfrac{q_2(x-\xi) y^2}{[(x-\xi)^2 + y^2]^2} \mathrm{d}\xi \\[3mm] \tau_{xy} = \dfrac{2}{\pi} \displaystyle\int_{-b}^{a} \dfrac{q_2(x-\xi)^2 y}{[(x-\xi)^2 + y^2]^2} \mathrm{d}\xi \end{cases} \tag{2-4}$$

这里应力分量的正负号规定与弹性力学中的规定相反,a、b 分别为积分段的积分上下限,在具体应用式(2-2)和式(2-4)时,需要先将载荷集度 q_1、q_2 表示为 ξ 的函数,然后再进行积分。

依据弹性力学中均质各向同性空间半无限体理论,可以获得走向长壁开采横向和纵向分布载荷作用下沿煤层倾斜方向工作面底板岩层内任意一点的应力 σ_x、σ_y 和 τ_{xy} 表达式,分别如式(2-5)、式(2-6)和式(2-7)所示。

$$\sigma_x = \sigma_{x1} + \sigma_{x2} + \sigma_{x3} + \sigma_{x4} + \sigma_{x5} + \sigma_{x6} + \sigma_{x7} + \sigma_{x8} + \sigma_{x9} + \sigma_{x10} + \sigma_{x11} + \sigma_{x12} + \sigma_{x13} + \sigma_{x14}$$

$$= \frac{2}{\pi} \int_{-(s_1+s_2+s_3)}^{-(s_1+s_2)} \frac{(q+\xi p)(x-\xi)^2 y}{[(x-\xi)^2 + y^2]^2} \mathrm{d}\xi + \frac{2}{\pi} \int_{-(s_1+s_2)}^{-s_1} \frac{(A+\xi B)(x-\xi)^2 y}{[(x-\xi)^2 + y^2]^2} \mathrm{d}\xi +$$

$$\frac{2}{\pi} \int_{-s_1}^{0} \frac{(C+\xi D)(x-\xi)^2 y}{[(x-\xi)^2 + y^2]^2} \mathrm{d}\xi + \frac{2}{\pi} \int_{0}^{s_4} \frac{\gamma H_m \cos\alpha (x-\xi)^2 y}{[(x-\xi)^2 + y^2]^2} \mathrm{d}\xi +$$

$$\frac{2}{\pi} \int_{s_4}^{s_4+s_5} \frac{(E+\xi F)(x-\xi)^2 y}{[(x-\xi)^2 + y^2]^2} \mathrm{d}\xi + \frac{2}{\pi} \int_{s_4+s_5}^{s_4+s_5+s_6} \frac{(G+\xi I)(x-\xi)^2 y}{[(x-\xi)^2 + y^2]^2} \mathrm{d}\xi +$$

$$\frac{2}{\pi} \int_{s_4+s_5+s_6}^{s_4+s_5+s_6+s_7} \frac{(q+\xi p)(x-\xi)^2 y}{[(x-\xi)^2 + y^2]^2} \mathrm{d}\xi + \frac{2}{\pi} \int_{-(s_1+s_2+s_3)}^{-(s_1+s_2)} \frac{(q+\xi p)\tan\alpha (x-\xi)^3}{[(x-\xi)^2 + y^2]^2} \mathrm{d}\xi +$$

$$\frac{2}{\pi} \int_{-(s_1+s_2)}^{-s_1} \frac{(A+\xi B)\tan\alpha (x-\xi)^3}{[(x-\xi)^2 + y^2]^2} \mathrm{d}\xi + \frac{2}{\pi} \int_{-s_1}^{0} \frac{(C+\xi D)\tan\alpha (x-\xi)^3}{[(x-\xi)^2 + y^2]^2} \mathrm{d}\xi +$$

$$\frac{2}{\pi} \int_{0}^{s_4} \frac{\gamma H_m \sin\alpha (x-\xi)^3}{[(x-\xi)^2 + y^2]^2} \mathrm{d}\xi + \frac{2}{\pi} \int_{s_4}^{s_4+s_5} \frac{(E+\xi F)\tan\alpha (x-\xi)^3}{[(x-\xi)^2 + y^2]^2} \mathrm{d}\xi +$$

$$\frac{2}{\pi} \int_{s_4+s_5}^{s_4+s_5+s_6} \frac{(G+\xi I)\tan\alpha (x-\xi)^3}{[(x-\xi)^2 + y^2]^2} \mathrm{d}\xi + \frac{2}{\pi} \int_{s_4+s_5+s_6}^{s_4+s_5+s_6+s_7} \frac{(q+\xi p)\tan\alpha (x-\xi)^3}{[(x-\xi)^2 + y^2]^2} \mathrm{d}\xi \tag{2-5}$$

$$\sigma_y = \sigma_{y1} + \sigma_{y2} + \sigma_{y3} + \sigma_{y4} + \sigma_{y5} + \sigma_{y6} + \sigma_{y7} + \sigma_{y8} + \sigma_{y9} + \sigma_{y10} + \sigma_{y11} + \sigma_{y12} + \sigma_{y13} + \sigma_{y14}$$

$$
\begin{aligned}
&= \frac{2}{\pi} \int_{-(s_1+s_2+s_3)}^{-(s_1+s_2)} \frac{(q+\xi p)y^3}{[(x-\xi)^2+y^2]^2} d\xi + \frac{2}{\pi} \int_{-(s_1+s_2)}^{-s_1} \frac{(A+\xi B)y^3}{[(x-\xi)^2+y^2]^2} d\xi + \\
&\quad \frac{2}{\pi} \int_{-s_1}^{0} \frac{(C+\xi D)y^3}{[(x-\xi)^2+y^2]^2} d\xi + \frac{2}{\pi} \int_{0}^{s_4} \frac{\gamma H_m \cos \alpha y^3}{[(x-\xi)^2+y^2]^2} d\xi + \\
&\quad \frac{2}{\pi} \int_{s_4}^{s_4+s_5} \frac{(E+\xi F)y^3}{[(x-\xi)^2+y^2]^2} d\xi + \frac{2}{\pi} \int_{s_4+s_5}^{s_4+s_5+s_6} \frac{(G+\xi I)y^3}{[(x-\xi)^2+y^2]^2} d\xi + \\
&\quad \frac{2}{\pi} \int_{s_4+s_5+s_6}^{s_4+s_5+s_6+s_7} \frac{(q+\xi p)y^3}{[(x-\xi)^2+y^2]^2} d\xi + \frac{2}{\pi} \int_{-(s_1+s_2+s_3)}^{-(s_1+s_2)} \frac{(q+\xi p)\tan \alpha (x-\xi)y^2}{[(x-\xi)^2+y^2]^2} d\xi + \\
&\quad \frac{2}{\pi} \int_{-(s_1+s_2)}^{-s_1} \frac{(A+\xi B)\tan \alpha (x-\xi)y^2}{[(x-\xi)^2+y^2]^2} d\xi + \frac{2}{\pi} \int_{-s_1}^{0} \frac{(C+\xi D)\tan \alpha (x-\xi)y^2}{[(x-\xi)^2+y^2]^2} d\xi + \\
&\quad \frac{2}{\pi} \int_{0}^{s_4} \frac{\gamma H_m \sin \alpha (x-\xi)y^2}{[(x-\xi)^2+y^2]^2} d\xi + \frac{2}{\pi} \int_{s_4}^{s_4+s_5} \frac{(E+\xi F)\tan \alpha (x-\xi)y^2}{[(x-\xi)^2+y^2]^2} d\xi + \\
&\quad \frac{2}{\pi} \int_{s_4+s_5}^{s_4+s_5+s_6} \frac{(G+\xi I)\tan \alpha (x-\xi)y^2}{[(x-\xi)^2+y^2]^2} d\xi + \frac{2}{\pi} \int_{s_4+s_5+s_6}^{s_4+s_5+s_6+s_7} \frac{(q+\xi p)\tan \alpha (x-\xi)y^2}{[(x-\xi)^2+y^2]^2} d\xi
\end{aligned}
$$

$$(2-6)$$

$$\tau_{xy} = \tau_{xy1} + \tau_{xy2} + \tau_{xy3} + \tau_{xy4} + \tau_{xy5} + \tau_{xy6} + \tau_{xy7} + \tau_{xy8} + \tau_{xy9} + \tau_{xy10} + \tau_{xy11} + \tau_{xy12} + \tau_{xy13} + \tau_{xy14}$$

$$
\begin{aligned}
&= \frac{2}{\pi} \int_{-(s_1+s_2+s_3)}^{-(s_1+s_2)} \frac{(q+\xi p)(x-\xi)y^2}{[(x-\xi)^2+y^2]^2} d\xi + \frac{2}{\pi} \int_{-(s_1+s_2)}^{-s_1} \frac{(A+\xi B)(x-\xi)y^2}{[(x-\xi)^2+y^2]^2} d\xi + \\
&\quad \frac{2}{\pi} \int_{-s_1}^{0} \frac{(C+\xi D)(x-\xi)y^2}{[(x-\xi)^2+y^2]^2} d\xi + \frac{2}{\pi} \int_{0}^{s_4} \frac{\gamma H_m \cos \alpha (x-\xi)y^2}{[(x-\xi)^2+y^2]^2} d\xi + \\
&\quad \frac{2}{\pi} \int_{s_4}^{s_4+s_5} \frac{(E+\xi F)(x-\xi)y^2}{[(x-\xi)^2+y^2]^2} d\xi + \frac{2}{\pi} \int_{s_4+s_5}^{s_4+s_5+s_6} \frac{(G+\xi I)(x-\xi)y^2}{[(x-\xi)^2+y^2]^2} d\xi + \\
&\quad \frac{2}{\pi} \int_{s_4+s_5+s_6}^{s_4+s_5+s_6+s_7} \frac{(q+\xi p)(x-\xi)y^2}{[(x-\xi)^2+y^2]^2} d\xi + \frac{2}{\pi} \int_{-(s_1+s_2+s_3)}^{-(s_1+s_2)} \frac{(q+\xi p)\tan \alpha (x-\xi)^2 y}{[(x-\xi)^2+y^2]^2} d\xi + \\
&\quad \frac{2}{\pi} \int_{-(s_1+s_2)}^{-s_1} \frac{(A+\xi B)\tan \alpha (x-\xi)^2 y}{[(x-\xi)^2+y^2]^2} d\xi + \frac{2}{\pi} \int_{-s_1}^{0} \frac{(C+\xi D)\tan \alpha (x-\xi)^2 y}{[(x-\xi)^2+y^2]^2} d\xi + \\
&\quad \frac{2}{\pi} \int_{0}^{s_4} \frac{\gamma H_m \sin \alpha (x-\xi)^2 y}{[(x-\xi)^2+y^2]^2} d\xi + \frac{2}{\pi} \int_{s_4}^{s_4+s_5} \frac{(E+\xi F)\tan \alpha (x-\xi)^2 y}{[(x-\xi)^2+y^2]^2} d\xi + \\
&\quad \frac{2}{\pi} \int_{s_4+s_5}^{s_4+s_5+s_6} \frac{(G+\xi I)\tan \alpha (x-\xi)^2 y}{[(x-\xi)^2+y^2]^2} d\xi + \frac{2}{\pi} \int_{s_4+s_5+s_6}^{s_4+s_5+s_6+s_7} \frac{(q+\xi p)\tan \alpha (x-\xi)^2 y}{[(x-\xi)^2+y^2]^2} d\xi
\end{aligned}
$$

$$(2-7)$$

式中：

$$
\begin{cases}
q = \gamma H \cos \alpha, \ p = \gamma H \sin \alpha, \ A = \dfrac{(k_2 s_1 + k_2 s_2 - s_1)q - (k_2 s_1 - s_1)(s_1 + s_2)p}{s_2}, \\[2mm]
B = \dfrac{(k_1 - 1)q - (k_2 s_1 - s_1 - s_2)p}{s_2}, \ C = k_4 q, \ D = \dfrac{(k_4 - k_2)q + k_2 s_1 p}{s_1}, \\[2mm]
E = \dfrac{(k_3 s_5 - k_1 s_4 + k_3 s_4)q + (k_3 s_4 s_5 - k_1 s_4 s_4 - k_1 s_4 s_5 + k_3 s_4 s_4)p}{s_5}, \\[2mm]
F = \dfrac{(k_1 - k_3)q + (k_1 s_4 + k_1 s_5 - k_3 s_4)p}{s_5}, \\[2mm]
G = k_1 q + k_1 (s_4 + s_5)p - \dfrac{(1 - k_1)q + (s_4 + s_5 + s_6 - k_1 s_4 - k_1 s_5)p}{s_6}(s_4 + s_5), \\[2mm]
I = \dfrac{(1 - k_1)q + (s_4 + s_5 + s_6 - k_1 s_4 - k_1 s_5)p}{s_6}
\end{cases}
$$

2.1.3 沿煤层倾斜方向工作面底板垂直应力分布

在已知煤层埋深 H(m)、垮落带高度 H_m(m)、煤层倾角 α(°)、煤层底板岩层重度 γ (kN/m³)及 s_1、s_2、s_3、s_4、s_5、s_6、s_7(m)大小和应力集中系数 k_1、k_2、k_3、k_4 的条件下,由式(2-6)可以绘制倾斜煤层沿煤层倾斜方向底板垂直应力等值线。类似的,也可以由式(2-5)和式(2-7)绘制出倾斜煤层沿煤层倾斜方向底板水平应力和剪应力等值线。

例如,$H=500$ m、$H_m=15$ m、$\gamma=24$ kN/m³、$k_1=3.0$、$k_2=2.5$、$k_3=0.2$、$k_4=0.1$、$s_1=s_2=s_5=s_6=6$ m、$s_3=s_7=12$ m、$s_4=120$ m,图 2-5(a)、图 2-5(b)、图 2-5(c)、图 2-5(d)、图 2-5(e)分别表示当煤层倾角 α 为 0°、20°、30°、40°、50°时,沿煤层倾斜方向工作面底板垂直应力 σ_y 等值线图(等值线图中数值为 σ_y 与工作面附近原岩应力的比值)。

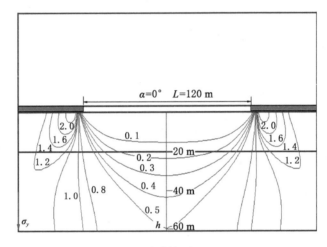

（a）倾角0°

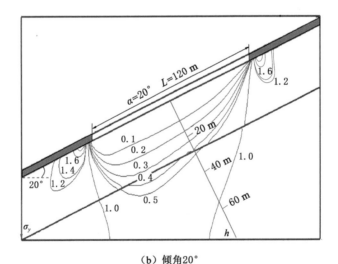

（b）倾角20°

图 2-5 沿煤层倾斜方向工作面底板垂直应力 σ_y 等值线图

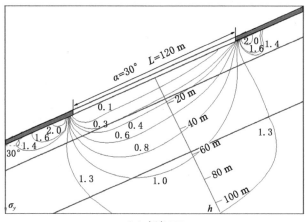

（c）倾角30°

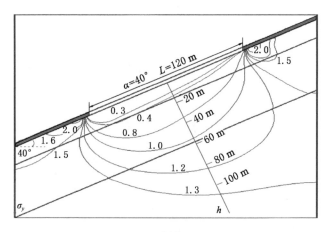

（d）倾角40°

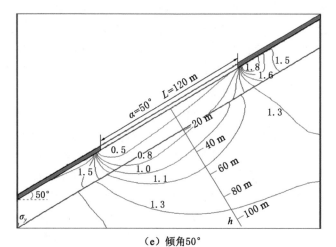

（e）倾角50°

图 2-5（续）

从图 2-5 可以看出：

（1）无论是水平煤层，还是倾斜煤层，煤层开采后，都会在工作面底板岩层内形成卸压区，而在工作面两侧煤体下方的底板岩层内形成应力集中区，两者以底板原岩应力等值线为界，且该原岩应力等值线并不是过巷道煤壁垂直于煤层的直线，而是深入煤体斜向工作面底板岩层内的曲线。

（2）对水平煤层而言，工作面底板垂直应力等值线在工作面倾向呈对称分布的特点；对倾斜煤层而言，沿煤层倾斜方向工作面底板垂直应力等值线在工作面倾向呈非对称分布的特点，在底板岩层内呈下大上小的"勺"形分布形态。

（3）无论是水平煤层，还是倾斜煤层，工作面两侧煤体下方底板垂直应力等值线都呈斜向煤体内的"泡"形分布形态。但对倾斜煤层而言，工作面下侧煤体下方的垂直应力等值线斜向煤体内的程度比上侧更大、更明显，且斜向煤体内的程度随煤层倾角的增大而增大。

（4）无论是水平煤层，还是倾斜煤层，垂直应力集中程度和卸压程度都随底板法向深度的增加而降低，但集中程度和卸压程度随底板法向深度增加而降低的程度随煤层倾角的增大而增大。

（5）对倾斜煤层而言，工作面上下两侧煤体下方底板垂直应力的集中程度不同，工作面下侧煤体下方底板垂直应力的集中程度始终大于工作面上侧的，且集中程度随煤层倾角的增大而降低。

2.2 沿煤层倾斜方向底板破坏深度

2.2.1 工作面底板破坏机理

工作面回采后，在工作面前方形成超前支承压力，在工作面两侧形成侧向支承压力。超前支承压力随着工作面的推进而不断向前移动，而侧向支承压力随着工作面的推进其作用、影响范围基本保持不变。对工作面底板下方一定范围内的岩层而言，当作用在底板岩层上的支承压力达到或超过底板岩层的极限强度时，底板岩层将产生塑性破坏，形成塑性破坏区。当支承压力达到可导致部分岩层完全破坏的最大载荷时，支承压力作用区域内的岩层塑性破坏区将连成一片，导致采空区内底板岩层隆起，已发生塑性变形的岩层将向采空区内移动，形成一个连续的滑移面，此时底板岩层遭受的采动破坏最为严重。工作面超前支承压力导致工作面底板岩层产生塑性破坏区，造成工作面底板岩层破坏；同样，工作面两侧侧向支承压力也导致工作面两侧的底板岩层产生塑性破坏区，造成工作面两侧底板岩层破坏。

随着工作面的推进，工作面煤壁前方的底板岩层受到超前支承压力的作用而被压缩，当超前支承压力超过底板岩层的极限强度时，底板岩层会产生塑性变形。当工作面推过此区域时，产生塑性变形的底板岩层成为采空区内的底板岩层，这部分底板岩层由于采空区的卸压而由压缩状态变为膨胀卸压状态，最终在底板岩层内形成一定深度的底板采动导水破坏带。图 2-6 为倾斜煤层走向长壁开采沿工作面推进方向的剖面示意，图中工作面垂直于煤层的倾斜方向向里推进（红色箭头所示方向）。随着工作面的推进，在工作面煤壁前方形成超前支承压力 $k\gamma H$（k 为超前支承压力集中系数），此超前支承压力可以分解为垂直于煤层的横向压力 $k\gamma H\cos\alpha$（α 为煤层倾角）以及平行于煤层斜向下的剪切力 $k\gamma H\sin\alpha$，横向压力使得底板岩层产生压缩破坏,剪切力使得底板岩层产生剪切滑移而破坏。

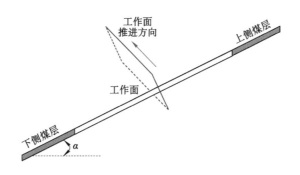

图 2-6　倾斜煤层走向长壁开采沿工作面推进方向的剖面示意

2.2.2　工作面底板破坏深度

为研究工作面前方超前支承压力对工作面底板岩层造成的采动破坏深度,依据滑移线场理论,建立如图 2-7 所示的倾斜煤层走向长壁开采沿工作面推进方向(图 2-6 中红色箭头所示方向)的底板岩层塑性破坏区形态剖面示意。图中,工作面超前支承压力为 $k\gamma H$,工作面后方采空区内垮落矸石载荷为 γH_m(H_m 为垮落带高度)。张金才等[59]认为沿工作面走向底板岩层的塑性区边界由三部分组成:主动极限区 I(Oab 区)及被动极限区 III(Ode 区),其滑移线各由两组直线组成;过渡区 II(Obd 区),其滑移线一组由对数螺线组成,另一组为以 O 为起点的放射线(O 为工作面煤壁位置)。按照塑性滑移线场理论和 Mohr 强度准则,工作面煤壁前方底板塑性破坏区(I,Oab 区)的两组滑移线与底板岩层层面呈($\pi/4+\varphi_0/2$)的夹角(φ_0 为底板岩层内摩擦角),形成煤壁前方底板主动塑性破坏区;工作面后方采空区底板岩层塑性破坏区(III,Ode 区)的两组滑移线与底板岩层层面呈($\pi/4-\varphi_0/2$)的夹角,形成采空区底板被动塑性破坏区;在主动塑性破坏区与被动塑性破坏区之间存在过渡区(II,Obd 区)。

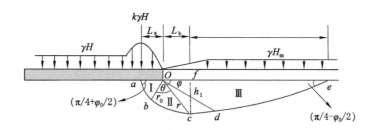

图 2-7　倾斜煤层走向长壁开采沿工作面推进方向的底板岩层塑性破坏区形态剖面示意

图 2-7 中塑性破坏区的形成及发展过程可以理解为:工作面回采后,工作面前方底板岩层上作用着超前支承压力,当作用区域内底板岩层(I区,主动区)所承受的压力超过其极限强度时,底板岩层将产生塑性变形破坏;这部分岩层在垂直方向上受压缩,则在水平方向上必然会膨胀。膨胀的岩层挤压过渡区内(II区,过渡区)的岩层,并将压力传递到过渡区内,而过渡区内的岩层将挤压被动区(III区,被动区)内的岩层。被动区位于采空区下方,使得过

渡区及被动区内的岩层在主动区传递的压力作用下向采空区内膨胀,最终形成一定深度的底板采动导水破坏带。

依据图 2-7 中极限塑性破坏区的几何尺寸,可以确定超前支承压力作用下底板采动破坏区的最大破坏深度及破坏位置。

在 $\triangle Oab$ 中,

$$Ob = r_0 = \frac{L_a}{2\cos(\pi/4 + \varphi_0/2)} \tag{2-8}$$

式中,L_a 为工作面前方煤壁屈服宽度。

在 $\triangle Ocf$ 中,$h_1 = r\sin\varphi$、$\varphi = \angle cOf$,而

$$r = r_0 e^{\theta\tan\varphi_0} \tag{2-9}$$

式(2-9)为对数螺线方程,$\theta = \angle bOc$,φ_0 为极角。

$$\varphi = \frac{\pi}{2} - \theta + \left(\frac{\pi}{4} - \frac{\varphi_0}{2}\right) \tag{2-10}$$

将式(2-8)、式(2-9)、式(2-10)代入 $h_1 = r\sin\varphi$ 中,得

$$h_1 = \frac{L_a}{2\cos(\pi/4 + \varphi_0/2)} e^{\theta\tan\varphi_0}\cos\left(\theta + \frac{\varphi_0}{2} - \frac{\pi}{4}\right) \tag{2-11}$$

令 $\mathrm{d}h_1/\mathrm{d}\theta = 0$,得 $\tan\varphi_0 = \tan(\theta + \varphi_0/2 - \pi/4)$。所以,$\theta = (\pi/4 + \varphi_0/2)$,代入式(2-11),得

$$h_{1max} = \frac{L_a\cos\varphi_0}{2\cos(\pi/4 + \varphi_0/2)} e^{(\pi/4 + \varphi_0/2)\tan\varphi_0} \tag{2-12}$$

式(2-12)即工作面底板岩层最大破坏深度表达式,底板岩层最大破坏深度处距离工作面煤壁的水平距离 L_b 为

$$L_b = h_{1max}\tan\varphi_0 = \frac{L_a\sin\varphi_0}{2\cos(\pi/4 + \varphi_0/2)} e^{(\pi/4 + \varphi_0/2)\tan\varphi_0} \tag{2-13}$$

工作面前方煤壁屈服宽度 L_a 的确定,主要有两种方法:一种根据经验公式计算获得,如式(2-14)和式(2-15)所示;另一种由极限平衡条件推导而获得(达到极限平衡条件时,满足 Mohr-Coulomb 屈服准则),如式(2-16)所示[80]。

$$L_a = 0.015H \tag{2-14}$$

$$L_a = \frac{M}{F}\ln(10\gamma H) \tag{2-15}$$

$$L_a = \frac{M}{2K_m\tan\varphi_m}\ln\frac{k\gamma H\cos\alpha + C_m\cot\varphi_m}{K_m C_m\cot\varphi_m} \tag{2-16}$$

式中,M 为开采煤层厚度,m;k 为工作面超前支承压力集中系数;α 为煤层倾角,(°);φ_m 为煤层内摩擦角,(°);C_m 为煤层内聚力,MPa;γ 为底板岩层平均重度,kN/m³;$K_m = \frac{1 + \sin\varphi_m}{1 - \sin\varphi_m}$,$F = \frac{K_m - 1}{\sqrt{K_m}} + \left(\frac{K_m - 1}{\sqrt{K_m}}\right)^2\arctan\sqrt{K_m}$。将 L_a 代入式(2-12),即可求得工作面底板岩层的最大破坏深度。

在图 2-7 工作面后方底板岩层最大采动破坏深度位置处,垂直于工作面推进方向取一过 cf 的剖面,就可以获得沿工作面倾向整个底板的最大破坏深度及破坏形态。近水平煤层开采时,沿工作面倾向底板破坏形态如图 2-8 所示,作用在工作面前方底板岩层上的超前支承压力为 $k\gamma H$,其造成的底板破坏形态关于工作面中部呈对称分布,且最大破

坏深度位置位于工作面中部。倾斜煤层开采时,作用在工作面前方底板岩层上的超前支承压力 $k\gamma H$ 可以分解为垂直于煤层的横向压力 $k\gamma H\cos\alpha$(对底板岩层产生压缩破坏)及平行于煤层斜向下的剪切力 $k\gamma H\sin\alpha$(使底板岩层产生剪切滑移,对底板岩层造成剪切破坏)。由于受到平行于煤层底板斜向下的剪切力作用,倾斜煤层沿工作面倾向的底板破坏形态不再关于工作面中部对称分布,最大破坏深度位置将偏离工作面中部向下移动,如图 2-9 所示。同样,结合式(2-16),利用式(2-12),可以计算出倾斜煤层工作面底板的最大破坏深度。

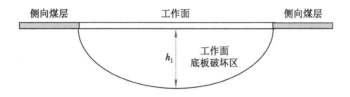

图 2-8　近水平煤层沿工作面倾向底板破坏形态示意

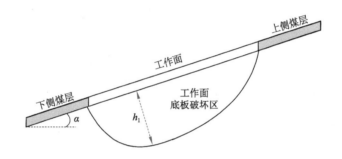

图 2-9　倾斜煤层沿工作面倾向底板破坏形态示意

2.2.3　工作面两侧底板破坏深度

倾斜煤层开采后,工作面两侧产生侧向支承压力,将侧向支承压力分解为垂直于底板岩层的横向载荷 q_1 及平行于底板岩层斜向下的纵向载荷 q_2,并将其简化为等效的均布载荷,如图 2-10 所示,建立等效均布载荷作用下沿煤层倾斜方向工作面侧向底板力学模型。

由弹性力学理论可知,作用在均质各向同性空间半无限平面体边界上的微小横向应力载荷 $q_1\mathrm{d}x$(垂直于空间半无限平面体),如图 2-11(a)所示,在工作面侧向底板岩层中任意一点 $M(\rho,\theta)$ 引起的应力为

$$\begin{cases} \mathrm{d}\sigma_x = \dfrac{2q_1}{\pi}\sin^2\theta\,\mathrm{d}\theta \\[2mm] \mathrm{d}\sigma_y = \dfrac{2q_1}{\pi}\cos^2\theta\,\mathrm{d}\theta \\[2mm] \mathrm{d}\tau_{xy} = \dfrac{2q_1}{\pi}\sin\theta\cos\theta\,\mathrm{d}\theta \end{cases} \tag{2-17}$$

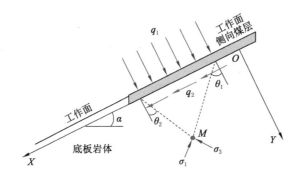

图 2-10   等效均布载荷作用下沿煤层倾斜方向工作面侧向底板力学模型

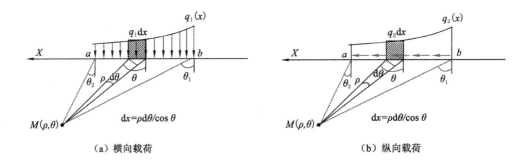

图 2-11   底板岩层受分布载荷作用下的计算示意

为了求出全部横向分布载荷在工作面侧向底板岩层中产生的应力，只须将各个微小集中力所引起的应力进行叠加，即对式（2-17）进行积分，得式（2-18）。

$$
\begin{cases}
\sigma_x = \dfrac{2}{\pi} \displaystyle\int_{\theta_1}^{\theta_2} q_1 \sin^2\theta \, \mathrm{d}\theta \\[3mm]
\sigma_y = \dfrac{2}{\pi} \displaystyle\int_{\theta_1}^{\theta_2} q_1 \cos^2\theta \, \mathrm{d}\theta \\[3mm]
\tau_{xy} = \dfrac{2}{\pi} \displaystyle\int_{\theta_1}^{\theta_2} q_1 \sin\theta\cos\theta \, \mathrm{d}\theta
\end{cases}
\tag{2-18}
$$

同理，作用在均质各向同性空间半无限平面体边界上的微小纵向应力载荷 $q_2\,\mathrm{d}x$（平行于空间半无限平面体），如图 2-11（b）所示，在工作面侧向底板岩层中任意一点 $M(\rho,\theta)$ 引起的应力为

$$
\begin{cases}
\mathrm{d}\sigma_x = \dfrac{2q_2}{\pi} \dfrac{\sin^3\theta}{\cos\theta} \mathrm{d}\theta \\[3mm]
\mathrm{d}\sigma_y = \dfrac{2q_2}{\pi} \sin\theta\cos\theta \, \mathrm{d}\theta \\[3mm]
\mathrm{d}\tau_{xy} = \dfrac{2q_2}{\pi} \sin^2\theta \, \mathrm{d}\theta
\end{cases}
\tag{2-19}
$$

为了求出全部纵向分布载荷在工作面侧向底板岩层中产生的应力,只须将各个微小集中力所引起的应力进行叠加,即对式(2-19)进行积分,得式(2-20)。

$$
\begin{cases}
\sigma_x = \dfrac{2}{\pi}\displaystyle\int_{\theta_1}^{\theta_2} \dfrac{q_2 \sin^3\theta}{\cos\theta}\mathrm{d}\theta \\[3mm]
\sigma_y = \dfrac{2}{\pi}\displaystyle\int_{\theta_1}^{\theta_2} q_2 \sin\theta\cos\theta\mathrm{d}\theta \\[3mm]
\tau_{xy} = \dfrac{2}{\pi}\displaystyle\int_{\theta_1}^{\theta_2} q_2 \sin^2\theta\mathrm{d}\theta
\end{cases}
\tag{2-20}
$$

这里应力分量的正负号规定与弹性力学中的规定相反,θ_1 和 θ_2 分别为积分段的积分上下限,在具体应用式(2-18)和式(2-20)时,需要先将载荷集度 q_1 和 q_2 表示为 θ 的函数,然后再进行积分。

因此,倾斜煤层沿煤层倾斜方向工作面侧向底板岩层内任意一点的应力可以由式(2-21)求得。

$$
\begin{cases}
\sigma_x = \dfrac{2}{\pi}\displaystyle\int_{\theta_1}^{\theta_2} q_1 \sin^2\theta\mathrm{d}\theta + \dfrac{2}{\pi}\displaystyle\int_{\theta_1}^{\theta_2} \dfrac{q_2 \sin^3\theta}{\cos\theta}\mathrm{d}\theta \\[3mm]
\sigma_y = \dfrac{2}{\pi}\displaystyle\int_{\theta_1}^{\theta_2} q_1 \cos^2\theta\mathrm{d}\theta + \dfrac{2}{\pi}\displaystyle\int_{\theta_1}^{\theta_2} q_2 \sin\theta\cos\theta\mathrm{d}\theta \\[3mm]
\tau_{xy} = \dfrac{2}{\pi}\displaystyle\int_{\theta_1}^{\theta_2} q_1 \sin\theta\cos\theta\mathrm{d}\theta + \dfrac{2}{\pi}\displaystyle\int_{\theta_1}^{\theta_2} q_2 \sin^2\theta\mathrm{d}\theta
\end{cases}
\tag{2-21}
$$

若 q_1 和 q_2 为均布载荷,则式(2-21)可以进一步化简为式(2-22)。

$$
\begin{cases}
\begin{aligned}
\sigma_x &= \dfrac{2}{\pi}\int_{\theta_1}^{\theta_2} q_1 \sin^2\theta\mathrm{d}\theta + \dfrac{2}{\pi}\int_{\theta_1}^{\theta_2} \dfrac{q_2 \sin^3\theta}{\cos\theta}\mathrm{d}\theta = \dfrac{q_1}{\pi}\left[\theta - \dfrac{\sin(2\theta)}{2}\right]\Big|_{\theta_1}^{\theta_2} + \\
&\quad \dfrac{2q_2}{\pi}\left[-\dfrac{\sin^2\theta}{2} - \ln(\cos\theta)\right]\Big|_{\theta_1}^{\theta_2} = \dfrac{q_1}{\pi}\left[-\sin(\theta_2-\theta_1)\cos(\theta_2+\theta_1) + \theta_2 - \theta_1\right] + \\
&\quad \dfrac{q_2}{\pi}\left[-\sin(\theta_2-\theta_1)\sin(\theta_2+\theta_1) + 2\ln\dfrac{\cos\theta_1}{\cos\theta_2}\right] \\[2mm]
\sigma_y &= \dfrac{2}{\pi}\int_{\theta_1}^{\theta_2} q_1 \cos^2\theta\mathrm{d}\theta + \dfrac{2}{\pi}\int_{\theta_1}^{\theta_2} q_2 \sin\theta\cos\theta\mathrm{d}\theta = \dfrac{q_1}{\pi}\left[\theta + \dfrac{\sin(2\theta)}{2}\right]\Big|_{\theta_1}^{\theta_2} + \dfrac{q_2}{\pi}\sin^2\theta\Big|_{\theta_1}^{\theta_2} \\
&= \dfrac{q_1}{\pi}\left[\sin(\theta_2-\theta_1)\cos(\theta_2+\theta_1) + \theta_2 - \theta_1\right] + \dfrac{q_2}{\pi}\left[\sin(\theta_2-\theta_1)\sin(\theta_2+\theta_1)\right] \\[2mm]
\tau_{xy} &= \dfrac{2}{\pi}\int_{\theta_1}^{\theta_2} q_1 \sin\theta\cos\theta\mathrm{d}\theta + \dfrac{2}{\pi}\int_{\theta_1}^{\theta_2} q_2 \sin^2\theta\mathrm{d}\theta = \dfrac{q_1}{\pi}\sin^2\theta\Big|_{\theta_1}^{\theta_2} + \dfrac{q_2}{\pi}\left[\theta - \dfrac{\sin(2\theta)}{2}\right]\Big|_{\theta_1}^{\theta_2} \\
&= \dfrac{q_1}{\pi}\left[\sin(\theta_2-\theta_1)\sin(\theta_2+\theta_1) + \theta_2 - \theta_1\right] + \dfrac{q_2}{\pi}\left[-\sin(\theta_2-\theta_1)\cos(\theta_2+\theta_1) + \theta_2 - \theta_1\right]
\end{aligned}
\end{cases}
\tag{2-22}
$$

为了简化计算,且由于工作面侧向底板破坏深度与工作面侧向支承压力的作用范围相当,在不影响计算精度的前提下,略去 σ_x 表达式中的对数部分,则由式(2-22)可得式(2-23)。

$$
\begin{cases}
\dfrac{\sigma_x + \sigma_y}{2} = \dfrac{q_1}{\pi}(\theta_2 - \theta_1)\left(\dfrac{\sigma_x - \sigma_y}{2}\right)^2 \\[2mm]
\qquad = \left\{ \dfrac{q_1}{\pi}\big[-\sin(\theta_2 - \theta_1)\cos(\theta_2 + \theta_1)\big] + \dfrac{q_2}{\pi}\big[-\sin(\theta_2 - \theta_1)\sin(\theta_2 + \theta_1)\big]\right\}^2 \\[2mm]
\qquad = \dfrac{1}{\pi^2}\big[q_1^2 \sin^2(\theta_2 - \theta_1)\cos^2(\theta_2 + \theta_1) + q_2^2 \sin^2(\theta_2 - \theta_1)\sin^2(\theta_2 + \theta_1) + \\[2mm]
\qquad\quad 2q_1 q_2 \sin(\theta_2 - \theta_1)\cos(\theta_2 + \theta_1)\sin(\theta_2 - \theta_1)\sin(\theta_2 + \theta_1)\big] \\[2mm]
\tau_{xy}^2 = \left\{ \dfrac{q_1}{\pi}\sin(\theta_2 - \theta_1)\sin(\theta_2 + \theta_1) + \dfrac{q_2}{\pi}\big[-\sin(\theta_2 - \theta_1)\cos(\theta_2 + \theta_1) + \theta_2 - \theta_1\big]\right\}^2 \\[2mm]
\qquad = \dfrac{1}{\pi^2}\big[q_1^2 \sin^2(\theta_2 - \theta_1)\sin^2(\theta_2 + \theta_1) + q_2^2 \sin^2(\theta_2 - \theta_1)\cos^2(\theta_2 + \theta_1) + q_2^2(\theta_2 - \theta_1)^2 - \\[2mm]
\qquad\quad 2q_2^2 \sin(\theta_2 - \theta_1)\cos(\theta_2 + \theta_1)(\theta_2 - \theta_1) + 2q_1 q_2 \sin(\theta_2 - \theta_1)\sin(\theta_2 + \theta_1)(\theta_2 - \theta_1) - \\[2mm]
\qquad\quad 2q_1 q_2 \sin(\theta_2 - \theta_1)\sin(\theta_2 + \theta_1)\sin(\theta_2 - \theta_1)\cos(\theta_2 + \theta_1)\big]
\end{cases}
$$

$$(2\text{-}23)$$

将式(2-23)代入主应力求解计算公式,可得主应力表达式[式(2-24)],式中 $\theta = (\theta_1 - \theta_2)$。

$$
\begin{cases}
\sigma_1 = \dfrac{\sigma_x + \sigma_y}{2} + \sqrt{\left(\dfrac{\sigma_x - \sigma_y}{2}\right)^2 + (\tau_{xy})^2} = \dfrac{q_1}{\pi}\theta + \dfrac{1}{\pi}\left(\sqrt{q_1^2 + q_2^2}\sin\theta + q_2\theta\right) \\[3mm]
\sigma_3 = \dfrac{\sigma_x + \sigma_y}{2} - \sqrt{\left(\dfrac{\sigma_x - \sigma_y}{2}\right)^2 + (\tau_{xy})^2} = \dfrac{q_1}{\pi}\theta - \dfrac{1}{\pi}\left(\sqrt{q_1^2 + q_2^2}\sin\theta + q_2\theta\right)
\end{cases}
$$

$$(2\text{-}24)$$

考虑倾斜煤层工作面侧向底板岩层由于自重而产生的应力 $\gamma y/\cos\alpha$(γ 为底板岩层重度,α 为煤层倾角),且所研究的问题为平面应变状态下的,则倾斜煤层沿煤层倾斜方向工作面侧向底板岩层内任意一点 $M(x, y)$ 的主应力为

$$
\begin{cases}
\sigma_1 = \dfrac{q_1}{\pi}\theta + \dfrac{1}{\pi}\left(\sqrt{q_1^2 + q_2^2}\sin\theta + q_2\theta\right) + \dfrac{\gamma y}{\cos\alpha} \\[3mm]
\sigma_3 = \dfrac{q_1}{\pi}\theta - \dfrac{1}{\pi}\left(\sqrt{q_1^2 + q_2^2}\sin\theta + q_2\theta\right) + \dfrac{\gamma y}{\cos\alpha}
\end{cases}
$$

$$(2\text{-}25)$$

式(2-25)即等效均布载荷作用下倾斜煤层沿煤层倾斜方向工作面侧向底板岩层内任意一点 $M(x, y)$ 的主应力表达式。

为分析沿煤层倾斜方向工作面侧向底板岩层在侧向支承压力作用下的破坏深度,将工作面侧向支承压力分解为垂直于底板岩层的横向载荷(对底板岩层产生压缩破坏)以及平行于底板岩层斜向下的纵向载荷(对底板岩层产生剪切破坏),建立沿煤层倾斜方向工作面侧向底板受力示意图(图 2-12),在图中将侧向支承压力简化为一种等效均布载荷。其中,H 为倾斜煤层工作面上侧巷道的埋深,m;L 为工作面宽度,m;H_m 为垮落带高度,$H_m = M/[(\lambda-1)\cos\alpha]$,m($M$ 为采出煤层厚度,λ 为垮落带岩层碎胀系数);S 为侧向支承压力的作用范围,m;α 为煤层倾角,(°);γ 为工作面底板岩层的重度,kN/m³;k_1 和 k_2 分别为工作面下侧和上侧侧向支承压力集中系数,且 $k_1 > k_2 > 1$;①、⑤区为工作面两侧原岩应力区,②、④区为工作面侧向支承压力区,③区为采空区,载荷⑥、⑦、⑧、⑨、⑩表示平行于底板岩层的纵向载荷在倾斜煤层底板岩层内产生的斜向下的剪切力。

由于倾斜煤层工作面上下两侧相距较远,两侧的侧向支承压力对底板岩层造成的破坏可以分别考虑。对于倾斜煤层工作面上侧区域而言,该区域的侧向支承压力 $k_2\gamma H$ 可以分

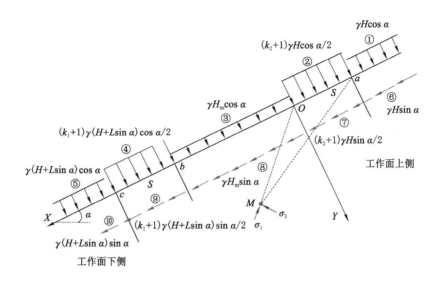

图 2-12 沿煤层倾斜方向工作面侧向底板受力示意

解为垂直于底板岩层的横向载荷 q_1 以及平行于底板岩层斜向下的剪切力 q_2,并用等效均布载荷 $q_1 = n\gamma H \cos\alpha$ 及 $q_2 = n\gamma H \sin\alpha$ 代替,其中 $n = (k_2+1)/2$。当侧向支承压力作用区域内底板岩层所承受的压力超过其极限强度时,作用区域内的底板岩层将产生塑性变形破坏。对倾斜煤层工作面上侧区域而言,工作面上侧底板岩层中任意一点 $M(x, y)$ 的主应力为

$$
\begin{cases}
\sigma_1 = \dfrac{n\gamma H \cos\alpha}{\pi}\theta + \dfrac{1}{\pi}\left[\sqrt{(n\gamma H \cos\alpha)^2 + (n\gamma H \sin\alpha)^2}\sin\theta + n\gamma H\theta\sin\alpha\right] + \gamma\left(\dfrac{y}{\cos\alpha} + H_m\right) \\[2mm]
\quad = \dfrac{(k_2+1)\gamma H}{2\pi}\left[\theta(\cos\alpha + \sin\alpha) + \sin\theta\right] + \gamma\left[\dfrac{y}{\cos\alpha} + \dfrac{M}{(\lambda-1)\cos\alpha}\right] \\[2mm]
\sigma_3 = \dfrac{n\gamma H \cos\alpha}{\pi}\theta - \dfrac{1}{\pi}\left[\sqrt{(n\gamma H \cos\alpha)^2 + (n\gamma H \sin\alpha)^2}\sin\theta + n\gamma H\theta\sin\alpha\right] + \gamma\left(\dfrac{y}{\cos\alpha} + H_m\right) \\[2mm]
\quad = \dfrac{(k_2+1)\gamma H}{2\pi}\left[\theta(\cos\alpha - \sin\alpha) - \sin\theta\right] + \gamma\left[\dfrac{y}{\cos\alpha} + \dfrac{M}{(\lambda-1)\cos\alpha}\right]
\end{cases}
$$

$$(2\text{-}26)$$

当工作面侧向支承压力作用区域内底板岩层内任意一点由弹性区向塑性区过渡时,即该点将发生塑性变形破坏时,其主应力满足极限平衡条件[式(2-27)],即满足 Mohr-Coulomb 屈服判据。

$$\frac{1}{2}(\sigma_1 - \sigma_3) = C\cos\varphi_0 + \frac{1}{2}(\sigma_1 + \sigma_3)\sin\varphi_0 \tag{2-27}$$

式中,C 为底板岩层内聚力,MPa;φ_0 为底板岩层内摩擦角,(°)。

将式(2-26)代入式(2-27),整理后得

$$y = \frac{(k_2+1)H\cos\alpha}{2\pi}\left[\frac{\sin\theta}{\sin\varphi_0} + \theta\left(\frac{\sin\alpha}{\sin\varphi_0} - \cos\alpha\right)\right] - \frac{C\cos\alpha}{\gamma\tan\varphi_0} - \frac{M}{(\lambda-1)} \tag{2-28}$$

令 $dy/d\theta = 0$,即

$$\frac{dy}{d\theta} = \frac{(k_2+1)H\cos\alpha}{2\pi}\left[\frac{\cos\theta}{\sin\varphi_0} + \left(\frac{\sin\alpha}{\sin\varphi_0} - \cos\alpha\right)\right] = 0 \tag{2-29}$$

通过求解式(2-29)得

$$\theta = \arccos(\cos\alpha\sin\varphi_0 - \sin\alpha) \tag{2-30}$$

将式(2-30)代入式(2-28),得倾斜煤层工作面上侧底板岩层的最大破坏深度 h_{up}(工作面侧向煤层底板法向最大破坏深度)表达式

$$h_{up} = \frac{(k_2+1)H\cos\alpha}{2\pi}\left[\frac{\sin\beta}{\sin\varphi_0} + \beta\left(\frac{\sin\alpha}{\sin\varphi_0} - \cos\alpha\right)\right] - \frac{C\cos\alpha}{\gamma\tan\varphi_0} - \frac{M}{(\lambda-1)} \tag{2-31}$$

式中,$\beta = \arccos(\cos\alpha\sin\varphi_0 - \sin\alpha)$。由式(2-31)可以看出,倾斜煤层工作面上侧侧向底板岩层最大破坏深度随着工作面上侧侧向支承压力集中系数 k_2 的增大而增大,随着煤层埋深的增加而增大。

当煤层倾角 $\alpha = 0°$ 时,$\beta = \pi/2 - \varphi_0$,式(2-31)可以化简为

$$h_{up} = \frac{(k_2+1)H}{2\pi}\left[\cot\varphi_0 - \frac{\pi}{2} + \varphi_0\right] - \frac{C}{\gamma\tan\varphi_0} - H_m \tag{2-32}$$

式(2-32)即张金才等采用弹性理论推导的水平煤层底板最大破坏深度计算公式[59],此公式考虑垮落带高度 $H_m = M/(\lambda-1)$ 对工作面侧向底板岩层的破坏影响。

同理,对倾斜煤层工作面下侧区域而言,由于煤层的倾斜,工作面上下两侧巷道之间存在区段垂高 $\Delta H = L\sin\alpha$,从而导致倾斜煤层工作面下侧的侧向支承压力大于上侧的侧向支承压力,下侧侧向支承压力集中系数 k_1 大于上侧侧向支承压力集中系数 k_2,从而造成倾斜煤层工作面下侧侧向支承压力作用区域内底板岩层的破坏深度大于上侧侧向支承压力作用区域内底板岩层的破坏深度。因此,倾斜煤层工作面下侧侧向支承压力作用区域内底板岩层的最大破坏深度 h_{down} 表达式为

$$h_{down} = \frac{(k_1+1)H\cos\alpha}{2\pi}\left[\frac{\sin\beta}{\sin\varphi_0} + \beta\left(\frac{\sin\alpha}{\sin\varphi_0} - \cos\alpha\right)\right] - \frac{C\cos\alpha}{\gamma\tan\varphi_0} - \frac{M}{(\lambda-1)} \tag{2-33}$$

2.3 沿煤层倾斜方向底板破坏形态

通过上述分析,分别求解出沿煤层倾斜方向工作面底板岩层的最大破坏深度 h_1 及工作面两侧煤体下方底板岩层的最大破坏深度 h_{up} 和 h_{down} 表达式,如式(2-34)所示。

$$\begin{cases} h_1 = \frac{L_a\cos\varphi_0}{2\cos(\pi/4 + \varphi_0/2)}e^{(\pi/4 + \varphi_0/2)\tan\varphi_0} \\[2mm] h_{up} = \frac{(k_2+1)H\cos\alpha}{2\pi}\left[\frac{\sin\beta}{\sin\varphi_0} + \beta\left(\frac{\sin\alpha}{\sin\varphi_0} - \cos\alpha\right)\right] - \frac{C\cos\alpha}{\gamma\tan\varphi_0} - \frac{M}{(\lambda-1)} \\[2mm] h_{down} = \frac{(k_1+1)H\cos\alpha}{2\pi}\left[\frac{\sin\beta}{\sin\varphi_0} + \beta\left(\frac{\sin\alpha}{\sin\varphi_0} - \cos\alpha\right)\right] - \frac{C\cos\alpha}{\gamma\tan\varphi_0} - \frac{M}{(\lambda-1)} \end{cases} \tag{2-34}$$

对于倾斜煤层工作面底板岩层的破坏形态而言,由于煤层的倾斜,工作面超前支承压力可以分解为垂直于煤层的横向压力 $k\gamma H\cos\alpha$(对底板岩层产生压缩破坏)以及平行于煤层斜向下的剪切力 $k\gamma H\sin\alpha$(对底板岩层产生剪切破坏),倾斜煤层沿煤层倾斜方向工作面底板岩层的破坏形态如图 2-13 所示。在剪切力 $k\gamma H\sin\alpha$ 作用下,沿煤层倾斜方向工作面底板的破坏形态不再关于工作面中部对称分布,其最大破坏深度位置将偏离工作面中部向下移动,如图 2-13 中的Ⅲ区(工作面底板岩层内的蓝线区域)。而对于工作面两侧煤体下方的底板岩层而言,由于受到静态的工作面侧向支承压力的作用,当该区域底板岩层所承受的压

力超过其极限强度时,该区域内的底板岩层将产生塑性变形破坏,形成塑性破坏区,如图 2-13 中的 I 区(工作面侧向煤体下方底板岩层内的红线区域)。

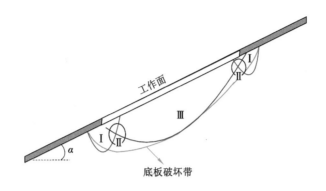

图 2-13 沿煤层倾斜方向工作面底板破坏形态示意

综上所述,倾斜煤层走向长壁开采沿煤层倾斜方向底板采动破坏范围可以分为三个区域:工作面底板破坏区(Ⅲ区)、工作面两侧煤体下方底板破坏区(Ⅰ区)、Ⅰ区和Ⅲ区的交汇区(Ⅱ区)。三个破坏区域具有如下特征:

(1) 工作面底板破坏区(Ⅲ区),该区域底板岩层的破坏主要由于工作面前方动态的超前支承压力在采前对其进行压缩破坏,在采后卸压导致底板岩层膨胀变形,形成底板采动导水破坏带;另外,由于平行底板岩层斜向下的剪切力作用,底板最大破坏深度位置偏离工作面中部而向下移动。

(2) 工作面两侧煤体下方底板破坏区(Ⅰ区),该区域底板岩层的破坏主要由于受到工作面两侧静态的侧向支承压力作用。由于工作面上下两侧巷道埋深的不同,工作面下侧煤体比上侧煤体下方底板的破坏深度更深、破坏范围更大。

(3) 在工作面上下两侧巷道附近的底板区域,存在着Ⅰ区和Ⅲ区的交汇区,即Ⅱ区,该区域的存在起到连接的作用,将Ⅰ区的压力传递到Ⅲ区,压力的传递过程导致该区域(Ⅱ区)岩层的破坏,形成塑性破坏区。

(4) 塑性破坏区Ⅱ区将Ⅰ区和Ⅲ区连接起来,形成一个比工作面更宽的、范围更大的塑性破坏区(图 2-13 中工作面底板岩层内的绿线区域),沿煤层倾斜方向工作面底板下侧的破坏深度要大于上侧的,工作面底板沿煤层倾斜方向整体上呈现下大上小"勺"形分布的破坏形态,最大破坏深度位置偏离工作面的中部而向下移动。

2.4 工程应用

以某煤矿 2-504 工作面为例,工作面上侧巷道处煤层埋深 $H=400$ m,煤层倾角 $\alpha=28°$,工作面宽度 $L=100$ m,采出煤层厚度 $M=3$ m,垮落带岩层碎胀系数 $\lambda=1.2$,煤层底板岩层平均重度 $\gamma=20$ kN/m³、平均内聚力 $C=3.8$ MPa、平均内摩擦角 $\varphi_0=45°$,工作面两侧侧向支承压力集中系数分别为 $k_1=2.23$(下侧)和 $k_2=2.20$(上侧),工作面前方煤壁塑性破坏区宽度 $L_a=5.0$ m。利用式(2-34)可以计算出工作面底板的最大破坏深度 $h_1=15.20$ m,工作面上下两侧煤体下方底板的最大破坏深度 $h_{up}=12.79$ m 和 $h_{down}=14.62$ m。可以看出,工作面底板的最大破坏深度 15.20 m 大于工作面上侧煤体下方底板的最大破坏深度 12.79 m;同时,工作面下侧煤体下方底板的最大破坏深度 14.62 m 与工作面底板的最大破坏深度 15.20 m 接近。

文献[81]依据全国已有的 10 多个工作面底板采动破坏深度的实测资料,通过对各种底板破坏影响因素的对比分析,并考虑数学描述的可能性,选取开采深度、煤层倾角、岩石强度和工作面斜长等 4 个因素,进行多元逐步回归分析,得到计算底板最大破坏深度的回归公式(相关系数为 0.944 4)

$$h = 0.110\,5L + 0.006H + 0.451\,4f - 0.008\,5\alpha - 2.39 \tag{2-35}$$

式中,h 为底板最大破坏深度,m;L 为工作面斜长,m;H 为开采深度,m;f 为岩石坚固性系数;α 为煤层倾角,(°)。

将 2-504 工作面的相关参数 $H=400$ m、$L=100$ m、$f=5$、$\alpha=28°$,代入式(2-35)计算出的底板最大破坏深度为 13.08 m,即煤层底板最大破坏深度为 13.08 m 左右。由式(2-35)计算出的工作面底板最大破坏深度 13.08 m 比由式(2-34)计算出的工作面底板最大破坏深度 15.20 m 小 2.12 m,与由式(2-34)计算出的工作面上侧煤体下方底板最大破坏深度 12.79 m 较接近,但比工作面下侧煤体下方底板最大破坏深度 14.62 m 小 1.54 m。这主要由于底板最大破坏深度计算公式(2-35)所包含的影响底板破坏的因素较少,例如,没有考虑采出煤层厚度、底板岩性、开采方法等对底板采动破坏的影响,从而使得由式(2-35)计算的底板最大破坏深度与本书在考虑众多影响因素下获得的式(2-34)计算结果之间存在较大的误差。另外,式(2-35)只能计算出底板最大破坏深度,无法描述底板的破坏特征。对于近水平煤层,底板的破坏具有对称特征;而对于倾斜煤层,底板的破坏具有非对称特征。对于倾斜煤层底板破坏特征而言,工作面上下两煤体下方底板的最大破坏深度相差较大,这一点已被现场的倾斜煤层底板破坏特征的微震监测结果所证实[82]。

因此,对于 2-504 倾斜煤层工作面而言,沿煤层倾斜方向工作面底板岩层破坏区呈现下部破坏深而上部破坏浅的非对称分布形态,这与倾斜煤层底板破坏特征的现场监测结果是一致的,其分布形态与图 2-13 类似。虽然工作面下侧煤体下方底板的最大破坏深度小于工作面底板的最大破坏深度,但是当开采深度增加,或煤层倾角、工作面宽度增大时,工作面下侧煤体下方底板的最大破坏深度将接近甚至大于工作面底板的最大破坏深度。此时,沿煤层倾斜方向底板破坏区将形成一个比工作面更宽的、范围更大的塑性破坏区。因此,对于倾斜煤层而言,当底板下方有承压含水层时,工作面下部区域是预防底板突水的重点区域。

2.5 本章小结

煤层底板应力分布、破坏深度及破坏形态和范围是底板水害防治、底板巷道位置合理确定的重要依据。针对倾斜煤层赋存特征及走向长壁开采工作面的受力特点,对倾斜煤层工作面底板的应力分布、破坏深度及破坏形态和范围进行了理论分析。主要结论包括:

(1) 依据矿山压力与岩层控制理论,结合弹性力学中均质各向同性空间半无限体理论,建立了倾斜煤层走向长壁开采沿煤层倾斜方向工作面底板力学模型,推导了沿煤层倾斜方向工作面底板岩层内任意一点的应力表达式。

(2) 利用推导的沿煤层倾斜方向底板岩层内任意一点的应力表达式,绘制了当煤层倾角分别为 0°、20°、30°、40°、50°时,沿煤层倾斜方向的底板垂直应力等值线图,分析了底板垂直应力等值线的分布规律。

（3）建立了倾斜煤层走向长壁开采沿煤层倾斜方向工作面侧向底板力学模型,采用弹性力学理论,结合 Mohr-Coulomb 屈服准则,推导了沿煤层倾斜方向工作面侧向底板岩层的最大破坏深度表达式。

（4）依据倾斜煤层沿煤层倾斜方向底板应力分布特征及破坏深度计算公式,对倾斜煤层沿煤层倾斜方向的底板破坏形态进行了定性和定量分析,将底板采动导水破坏带沿煤层倾斜方向划分为三个不同区域,其呈现比工作面更宽的、下大上小的"勺"形分布的破坏形态,最大破坏深度位置偏离工作面底板的中部而向下移动。

3 倾斜煤层底板破坏特征数值分析

在建立沿煤层倾斜方向工作面底板及侧向底板力学模型的基础上,理论分析了倾斜煤层走向长壁开采沿煤层倾斜方向工作面底板应力分布特征,推导了沿煤层倾斜方向工作面底板破坏深度计算公式,分析了沿煤层倾斜方向工作面底板破坏形态。本章采用数值模拟方法,进一步分析倾斜煤层走向长壁开采沿煤层倾斜方向工作面的侧向支承压力分布、底板应力分布、底板破坏深度及破坏形态[77]。

3.1 FLAC³ᴰ简介与建模原则

3.1.1 FLAC³ᴰ简介

FLAC³ᴰ是美国 ITASCA 咨询集团公司开发的三维快速拉格朗日分析程序(Fast Lagrangian Analysis of Continua),它是一种基于三维显式有限差分法的数值计算分析方法,在进行计算时将计算区域划分为若干六面体单元网格,六面体单元网格可以随着模拟材料的变形而变形[83]。FLAC³ᴰ程序具有强大的前后处理功能,能够很好地模拟工程地质材料在达到强度极限或屈服极限时所发生的变形破坏或塑性流动的非线性动力学行为,在对材料的弹塑性、大变形进行分析以及模拟施工过程等领域具有独特的优点。FLAC³ᴰ程序有十一种内置本构模型:空单元模型、三种弹性模型(各向同性、正交各向异性及横向各向同性)、七种塑性模型(如 Mohr-Coulomb 模型、Drucker-Prager 模型等)。根据不同问题的需要,FLAC³ᴰ提供了五种计算模式:静力模式、动力模式、蠕变模式、温度模式及渗流模式[84-85]。

三维快速拉格朗日分析采用显式方法进行求解,对显式法来说,线性本构关系与非线性本构关系并无算法上的差别,通过已知的应变增量,可以很方便地求出应力的增量,并获得不平衡力,就同记录现实中的物理过程一样,可以对系统的演化过程进行跟踪。此外,显式法在计算过程中不形成刚度矩阵,每一步计算所需要的计算机内存也很小,可以使用较少的计算机内存模拟大量的单元网格。另外,在对大变形进行求解的过程中,因为每一时步变形都很小,可以采用小变形的本构关系,这就避免了通常大变形问题中推导大变形本构关系及其应用过程中所遇到的麻烦,使求解过程与小变形问题的一样。当然,算法自身的原因也使三维快速拉格朗日分析产生了一些固有缺陷,与其他方法相比(如有限元),快速拉格朗日分析的计算效率较低。但随着计算机运算速度的加快,与三维快速拉格朗日分析的优越性相比,计算效率低的特点已经微不足道。由于 FLAC³ᴰ拥有强大的功能,它可以随时完成简单问题分析和复杂问题的模拟求解,在岩土工程力学领域得到了广泛的应用,目前已成为岩土工程技术人员较为理想的三维数值分析工具。基于 FLAC³ᴰ强大的模拟功能及其独到的优点,本章选用 FLAC³ᴰ对倾斜煤层底板应力分布、破坏深度及破坏形态进行数值模拟分析。

3.1.2　建模原则

数值模拟的可靠性基于建立模型的合理程度,合理的模型要以一定的原则为基础。为直观地分析倾斜煤层在不同埋深、不同工作面宽度时,沿煤层倾斜方向底板应力分布、破坏深度、破坏形态随煤层倾角的变化规律,数值模拟遵循如下建模原则:

(1) 考虑倾斜煤层走向长壁开采的特点,建立三维模型进行模拟分析;

(2) 将倾斜煤层底板区域作为重点分析研究的对象,在建立数值模型时,对该区域单元进行重点细化;

(3) 数值模型几何尺寸应足够大,岩石力学参数、边界条件及模型初始条件尽可能与工程实际相符合。

3.2　数值计算模型与方案

3.2.1　数值计算模型

依据倾斜煤层走向长壁开采的工程背景,建立如图 3-1 所示的倾斜煤层走向长壁开采三维数值计算模型。模型中 X 方向为工作面倾向,Y 方向为工作面走向(红色箭头所示方向为工作面推进方向)。工作面宽度为 $L(\mathrm{m})$,煤层厚度为 $M(\mathrm{m})$,工作面上侧巷道埋深为 $H(\mathrm{m})$,煤层倾角为 $\alpha(°)$,工作面两侧煤柱水平宽度为 40 m,工作面走向(Y 方向)长度为 200 m。模型采用分步开挖,从 $y=40$ m 处开挖,一次采全高,每步挖进 15 m,共计开挖 8 步,向前推进 120 m。模型底面约束垂直方向的位移,前后左右四面约束水平方向的位移。模型上表面为自由面,顶板上覆岩层以均布载荷的形式加载到模型上表面,模型中煤层及顶底板岩层物理力学参数如表 3-1 所示。

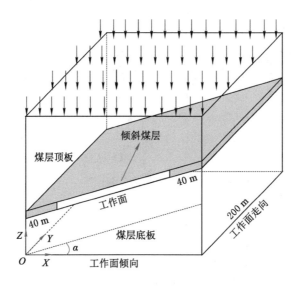

图 3-1　倾斜煤层及走向长壁开采三维数值计算模型

表 3-1　倾斜煤层及工作面顶底板岩层物理力学参数

岩性	密度 ρ/(kg/m³)	体积模量 K/GPa	剪切模量 G/GPa	抗拉强度 σ_t/MPa	内聚力 C/MPa	内摩擦角 φ_0/(°)
顶板	2 600	3.83	2.4	1.8	4.0	40
煤层	1 400	2.30	1.1	1.0	1.8	30
底板	2 645	3.43	2.0	1.5	3.5	38

3.2.2　数值计算方案

为研究倾斜煤层走向长壁开采工作面在不同埋深、不同宽度时,沿煤层倾斜方向底板应力分布、破坏深度及破坏形态随煤层倾角的变化规律,设置如下数值计算方案:

(1) 煤层埋深 500 m

① 当工作面宽度为 80 m,煤层倾角分别为 0°、15°、20°、30°、35°、40°、45°、50°八种情况时,研究沿煤层倾斜方向工作面底板应力分布、破坏深度及破坏形态随煤层倾角的变化规律;

② 当工作面宽度为 120 m,煤层倾角分别为 0°、15°、20°、30°、35°、40°、45°、50°八种情况时,研究沿煤层倾斜方向工作面底板应力分布、破坏深度及破坏形态随煤层倾角的变化规律;

③ 当工作面宽度为 160 m,煤层倾角分别为 0°、15°、20°、30°、35°、40°、45°、50°八种情况时,研究沿煤层倾斜方向工作面底板应力分布、破坏深度及破坏形态随煤层倾角的变化规律;

④ 当工作面宽度为 200 m,煤层倾角分别为 0°、15°、20°、30°、35°、40°、45°、50°八种情况时,研究沿煤层倾斜方向工作面底板应力分布、破坏深度及破坏形态随煤层倾角的变化规律。

(2) 煤层埋深 600 m 和 700 m

① 当工作面宽度为 120 m,煤层倾角分别为 0°、15°、20°、30°、35°、40°、45°、50°八种情况时,研究沿煤层倾斜方向工作面底板应力分布、破坏深度及破坏形态随煤层倾角的变化规律;

② 将上述结果与煤层埋深 500 m,工作面宽度为 120 m,煤层倾角为 0°、15°、20°、30°、35°、40°、45°、50°八种情况下的工作面底板应力分布、破坏深度及破坏形态进行对比分析。

为更好显示沿煤层倾斜方向工作面底板应力分布、破坏深度及破坏形态,在数值模拟结果中,只取开挖工作面沿煤层倾斜方向的垂直应力云图、剪应力云图和塑性区云图进行研究分析,且所有云图均取自开挖工作面所在位置。

3.3　沿煤层倾斜方向底板应力分布

3.3.1　沿煤层倾斜方向底板垂直应力

图 3-2 为煤层埋深 500 m、工作面宽度 80 m 时,煤层倾角分别为 0°、15°、20°、30°、35°、40°、45°、50°八种情况下,沿煤层倾斜方向底板垂直应力云图。

图 3-3 为煤层埋深 500 m、工作面宽度 120 m 时,煤层倾角分别为 0°、15°、20°、30°、35°、40°、45°、50°八种情况下,沿煤层倾斜方向底板垂直应力云图。

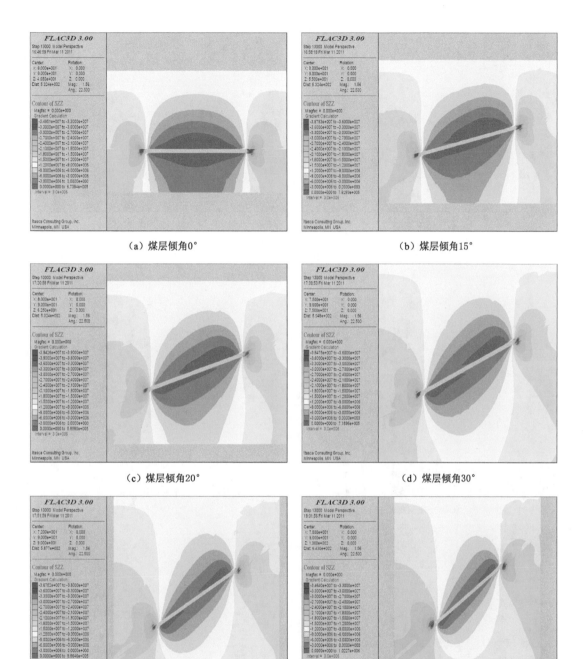

（a）煤层倾角0°　　　　　　　　　　（b）煤层倾角15°

（c）煤层倾角20°　　　　　　　　　　（d）煤层倾角30°

（e）煤层倾角35°　　　　　　　　　　（f）煤层倾角40°

图 3-2　不同煤层倾角下沿煤层倾斜方向的底板垂直应力云图

（煤层埋深 500 m、工作面宽度 80 m）

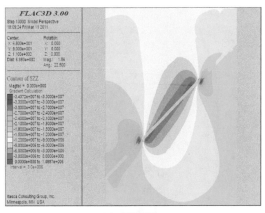

（g）煤层倾角45°

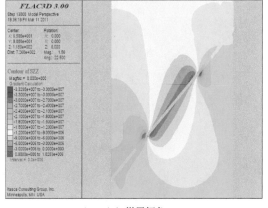

（h）煤层倾角50°

图 3-2（续）

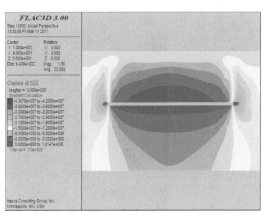

（a）煤层倾角0°

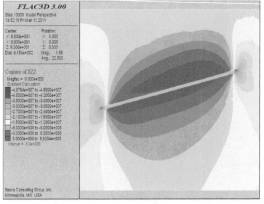

（b）煤层倾角15°

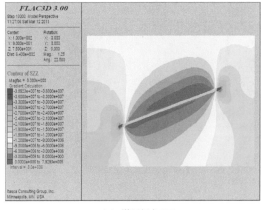

（c）煤层倾角20°

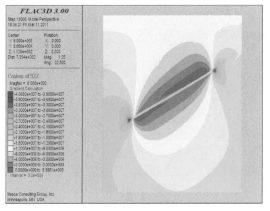

（d）煤层倾角30°

图 3-3　不同煤层倾角下沿煤层倾斜方向底板垂直应力云图

（埋深 500 m、工作面宽度 120 m）

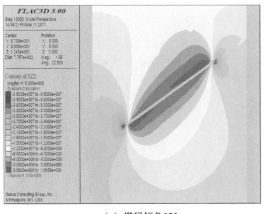

（e）煤层倾角35°

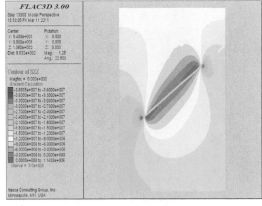

（f）煤层倾角40°

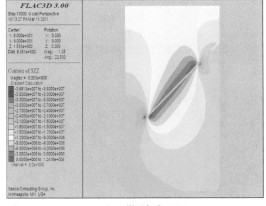

（g）煤层倾角45°

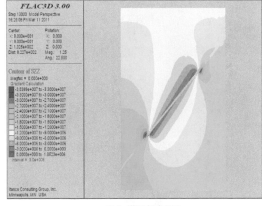

（h）煤层倾角50°

图 3-3（续）

  图 3-4 为煤层埋深 500 m、工作面宽度 160 m 时，煤层倾角分别为 0°、15°、20°、30°、35°、40°、45°、50°八种情况下，沿煤层倾斜方向底板垂直应力云图。

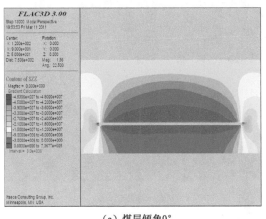

（a）煤层倾角0°

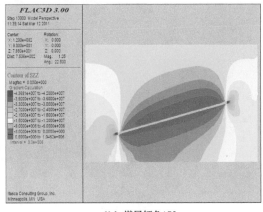

（b）煤层倾角15°

图 3-4　不同煤层倾角下沿煤层倾斜方向底板垂直应力云图

（埋深 500 m、工作面宽度 160 m）

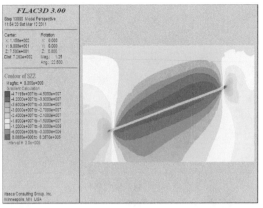

（c）煤层倾角20°

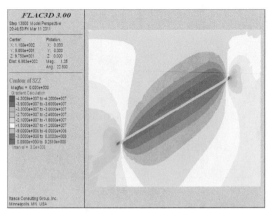

（d）煤层倾角30°

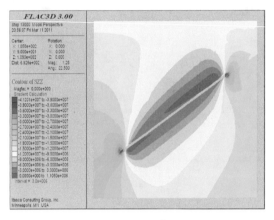

（e）煤层倾角35°

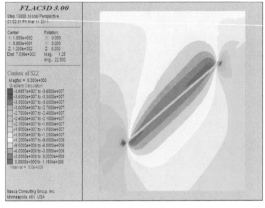

（f）煤层倾角40°

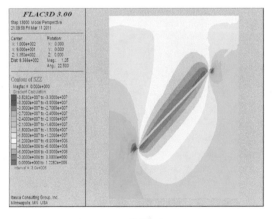

（g）煤层倾角45°

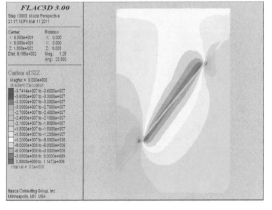

（h）煤层倾角50°

图 3-4（续）

图 3-5 为煤层埋深 500 m、工作面宽度 200 m 时,煤层倾角分别为 0°、15°、20°、30°、35°、40°、45°、50°八种情况下,沿煤层倾斜方向底板垂直应力云图。

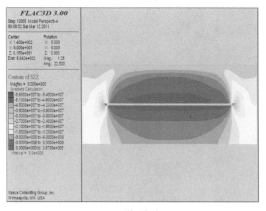

（a）煤层倾角0°   （b）煤层倾角15°

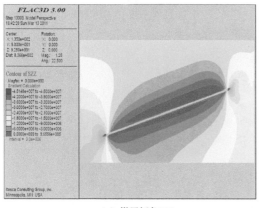
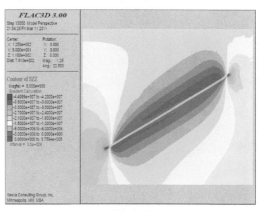

（c）煤层倾角20°   （d）煤层倾角30°

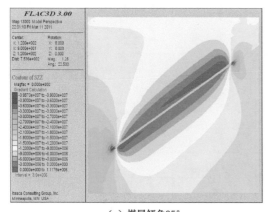
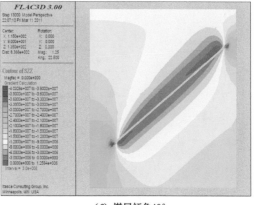

（e）煤层倾角35°   （f）煤层倾角40°

图 3-5 不同煤层倾角下沿煤层倾斜方向底板垂直应力云图

（埋深 500 m、工作面宽度 200 m）

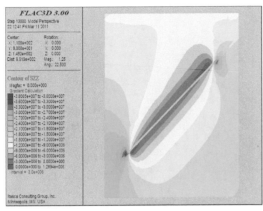 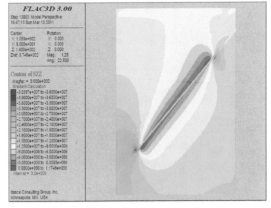

（g）煤层倾角45°　　　　　　　　　　　　（h）煤层倾角50°

图 3-5（续）

从图 3-2 至图 3-5 模拟的煤层埋深 500 m、不同工作面宽度时，沿煤层倾斜方向底板垂直应力随煤层倾角变化的云图可以看出，工作面两侧的侧向支承压力分布规律总体上与水平煤层相同，但倾斜煤层侧向支承压力分布又有自身的特点，即工作面上下两侧的侧向支承压力集中系数及峰值的位置不再相同。

表 3-2 给出了煤层埋深 500 m 时，不同工作面宽度、不同煤层倾角条件下，工作面上下两侧的侧向支承压力集中系数及峰值处距巷帮的距离（应力集中系数是相对工作面中部原岩应力而言的）。

表 3-2　沿煤层倾斜方向工作面两侧侧向支承压力分布特征

工作面宽度/m	煤层倾角/(°)	侧向支承压力集中系数		峰值处距巷帮距离/m	
		下侧	上侧	下侧	上侧
80	0	2.80	2.80	5.2	5.2
	15	2.79	2.78	4.8	5.0
	20	2.78	2.77	4.5	4.7
	30	2.75	2.73	4.0	4.3
	35	2.72	2.70	3.7	3.9
	40	2.69	2.67	3.4	3.6
	45	2.66	2.64	3.1	3.3
	50	2.63	2.62	2.7	2.9

表 3-2(续)

工作面宽度/m	煤层倾角/(°)	侧向支承压力集中系数		峰值处距巷帮距离/m	
		下侧	上侧	下侧	上侧
120	0	3.44	3.44	6.9	6.9
	15	3.40	3.39	6.4	6.7
	20	3.38	3.36	6.0	6.3
	30	3.34	3.31	5.5	5.9
	35	3.30	3.27	5.0	5.3
	40	3.26	3.23	4.5	4.8
	45	3.20	3.17	3.8	4.1
	50	3.15	3.13	3.2	3.6
160	0	3.84	3.84	8.2	8.2
	15	3.80	3.77	7.6	8.0
	20	3.75	3.73	7.2	7.5
	30	3.70	3.66	6.5	6.8
	35	3.63	3.60	6.1	6.3
	40	3.58	3.55	5.6	5.9
	45	3.53	3.51	5.1	5.5
	50	3.50	3.48	4.6	4.9
200	0	4.31	4.31	9.0	9.0
	15	4.28	4.25	8.4	8.6
	20	4.20	4.16	8.0	8.3
	30	4.11	4.06	7.6	7.9
	35	4.01	3.95	7.3	7.5
	40	3.91	3.88	6.9	7.2
	45	3.85	3.81	6.2	6.7
	50	3.78	3.75	5.5	5.8

综合分析表 3-2 及模拟的沿煤层倾斜方向工作面底板垂直应力云图可以看出：

（1）对于不同的工作面宽度，工作面上下两侧的侧向支承压力集中系数都随着煤层倾角的增大而降低，但倾斜煤层工作面下侧支承压力集中系数始终大于工作面上侧的，如图 3-6 所示；另外，工作面上下两侧的侧向支承压力峰值处距巷帮的距离也随着煤层倾角的增大而减小，如图 3-7 所示。

（2）对于相同的煤层倾角，工作面两侧的侧向支承压力集中系数、侧向支承压力峰值处距巷帮的距离随着工作面宽度的增大而增大。

（3）煤层开采后，工作面底板岩层形成卸压区，工作面两侧煤体下方形成应力集中区，两者以底板原岩应力等值线为界；工作面底板垂直应力等值线沿煤层倾斜方向呈现下大上小的"勺"形分布形态，而工作面两侧煤体下方的集中应力等值线呈现斜向煤体内的"泡"形

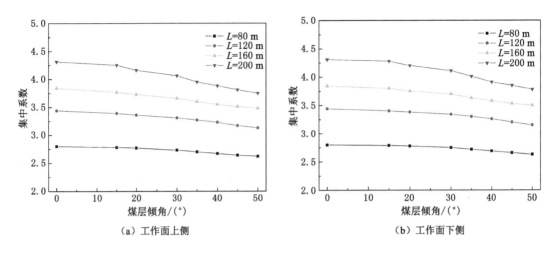

图 3-6　沿煤层倾斜方向工作面两侧侧向支承压力集中系数随煤层倾角的变化规律

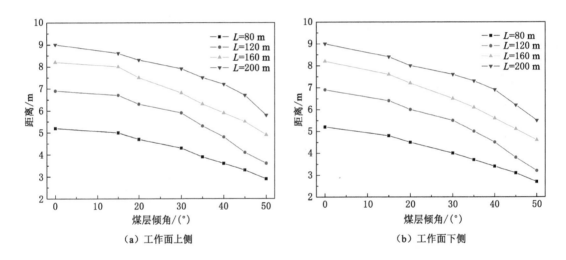

图 3-7　沿煤层倾斜方向工作面两侧侧向支承压力峰值处距巷帮的距离随煤层倾角的变化规律

分布形态,且工作面下侧煤体下方的集中"应力泡"斜向煤体内的程度随着煤层倾角的增大而增大。

（4）工作面底板卸压程度及工作面两侧底板应力集中程度随底板法向深度的增大而降低,工作面底板卸压范围及应力集中范围随煤层倾角的增大而缩小,但工作面下侧的应力集中程度和范围始终大于工作面上侧的。

3.3.2　沿煤层倾斜方向底板剪应力

图 3-8 为煤层埋深 500 m、工作面宽度 80 m 时,煤层倾角分别为 0°、15°、20°、30°、35°、40°、45°、50°八种情况下,沿煤层倾斜方向底板剪应力云图。

图 3-9 为煤层埋深 500 m、工作面宽度 120 m 时,煤层倾角分别为 0°、15°、20°、30°、35°、40°、45°、50°八种情况下,沿煤层倾斜方向底板剪应力云图。

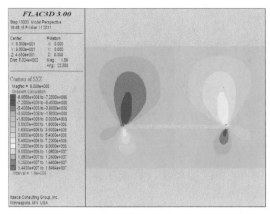

（a）煤层倾角0°

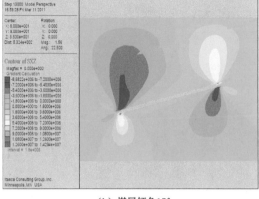

（b）煤层倾角15°

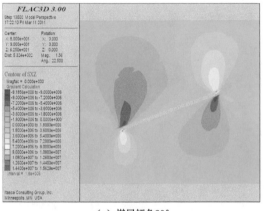

（c）煤层倾角20°

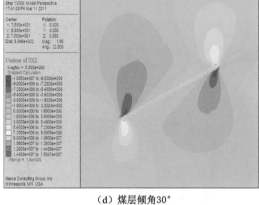

（d）煤层倾角30°

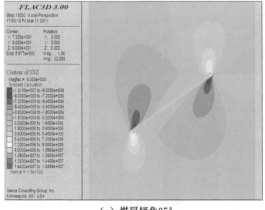

（e）煤层倾角35°

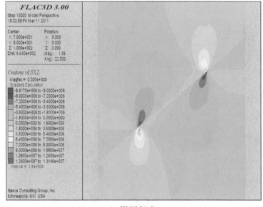

（f）煤层倾角40°

图 3-8　不同煤层倾角下沿煤层倾斜方向底板剪应力云图

（埋深 500 m、工作面宽度 80 m）

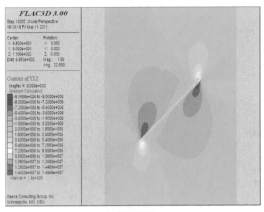

（g）煤层倾角45°

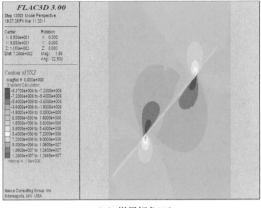

（h）煤层倾角50°

图 3-8(续)

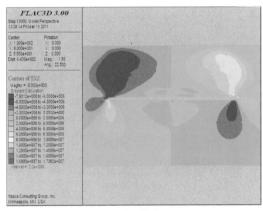

（a）煤层倾角0°

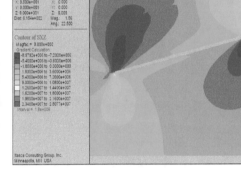

（b）煤层倾角15°

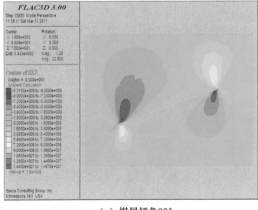

（c）煤层倾角20°

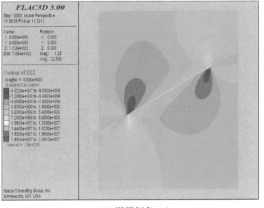

（d）煤层倾角30°

图 3-9　不同煤层倾角下沿煤层倾斜方向底板剪应力云图
（埋深 500 m、工作面宽度 120 m）

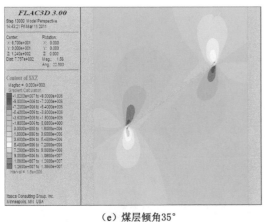
（e）煤层倾角35°

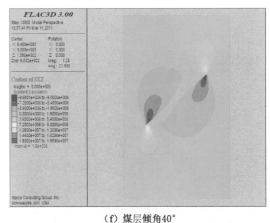
（f）煤层倾角40°

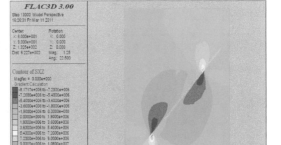

（g）煤层倾角45°　　　　　　　　　　　（h）煤层倾角50°

图 3-9（续）

　　图 3-10 为煤层埋深 500 m、工作面宽度 160 m 时,煤层倾角分别为 0°、15°、20°、30°、35°、40°、45°、50°八种情况下,沿煤层倾斜方向底板剪应力云图。

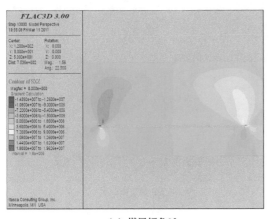
（a）煤层倾角0°

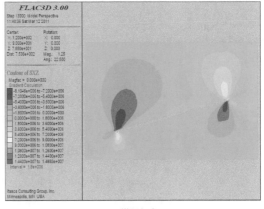
（b）煤层倾角15°

图 3-10　不同煤层倾角下沿煤层倾斜方向底板剪应力云图
（埋深 500 m、工作面宽度 160 m）

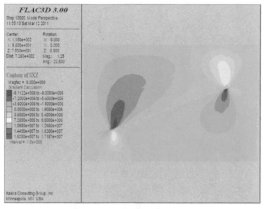

（c）煤层倾角20°　　　　　　　　　　　（d）煤层倾角30°

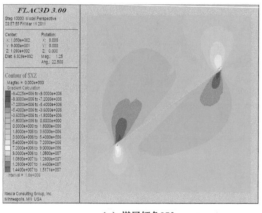

（e）煤层倾角35°

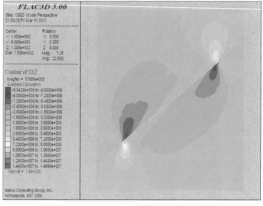

（f）煤层倾角40°

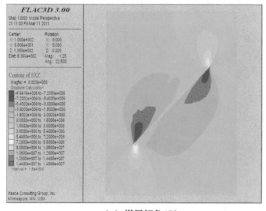

（g）煤层倾角45°

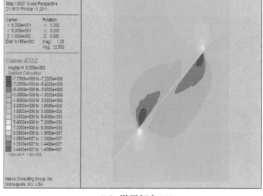

（h）煤层倾角50°

图 3-10（续）

图 3-11 为煤层埋深 500 m、工作面宽度 200 m 时，煤层倾角分别为 0°、15°、20°、30°、35°、40°、45°、50°八种情况下，沿煤层倾斜方向底板剪应力云图。

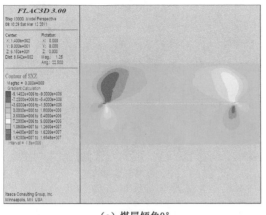
（a）煤层倾角0°

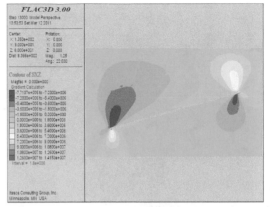
（b）煤层倾角15°

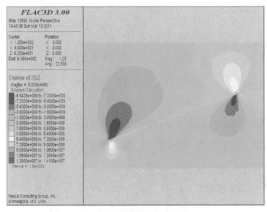
（c）煤层倾角20°

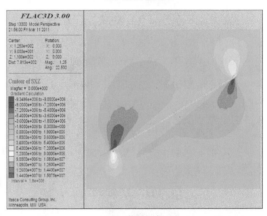
（d）煤层倾角30°

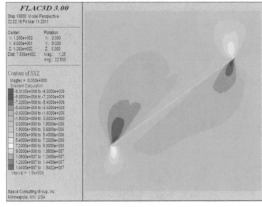
（e）煤层倾角35°

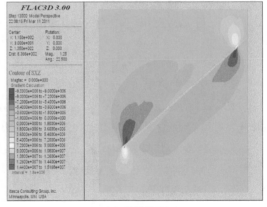
（f）煤层倾角40°

图 3-11　不同煤层倾角下沿煤层倾斜方向底板剪应力云图
（埋深 500 m、工作面宽度 200 m）

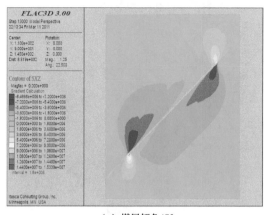 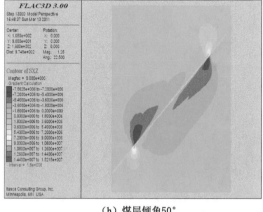

（g）煤层倾角45° （h）煤层倾角50°

图 3-11（续）

从图 3-8 至图 3-11 模拟的煤层埋深 500 m、不同工作面宽度时，沿煤层倾斜方向底板剪应力随煤层倾角变化的云图可以看出：

（1）煤层开采后，工作面两侧形成"泡"形的剪应力，工作面上下两侧剪应力的影响范围随着煤层倾角的增大而增大，同时，工作面上侧的剪"应力泡"斜向底板岩体内的程度也增大；当煤层倾角大于 30°时，工作面上侧的剪应力将影响到整个工作面底板区域。

（2）对于不同的工作面宽度，工作面上下两侧底板剪应力的峰值都随着煤层倾角的增大而先增大后减小；当煤层倾角为 30°～35°时，底板剪应力达到最大值，此时工作面底板岩体遭受的剪切破坏最为严重。

（3）对于相同的煤层倾角，工作面上下两侧底板剪应力的峰值随工作面宽度的增大变化不大。

3.4 沿煤层倾斜方向底板破坏特征

图 3-12 为煤层埋深 500 m、工作面宽度 80 m 时，煤层倾角分别为 0°、15°、20°、30°、35°、40°、45°、50°八种情况下，沿煤层倾斜方向底板塑性区云图。

图 3-13 为煤层埋深 500 m、工作面宽度 120 m 时，煤层倾角分别为 0°、15°、20°、30°、35°、40°、45°、50°八种情况下，沿煤层倾斜方向底板塑性区云图。

图 3-14 为煤层埋深 500 m、工作面宽度 160 m 时，煤层倾角分别为 0°、15°、20°、30°、35°、40°、45°、50°八种情况下，沿煤层倾斜方向底板塑性区云图。

图 3-15 为煤层埋深 500 m、工作面宽度 200 m 时，煤层倾角分别为 0°、15°、20°、30°、35°、40°、45°、50°八种情况下，沿煤层倾斜方向底板塑性区云图。

从图 3-12 至图 3-15 模拟的煤层埋深 500 m、不同工作面宽度时，沿煤层倾斜方向底板塑性区随煤层倾角变化的云图可以看出：

（1）煤层开采后，工作面底板岩层卸压，在工作面底板岩层内产生一个较大的塑性破坏区；工作面两侧应力集中，在工作面两侧煤体下方底板岩层内又各自产生一个具有一定深度

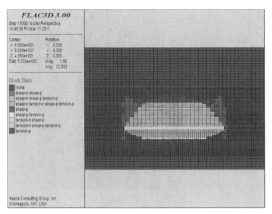
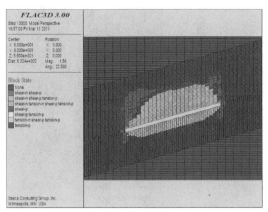

（a）煤层倾角0°　　　　　　　　　（b）煤层倾角15°

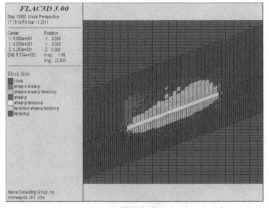
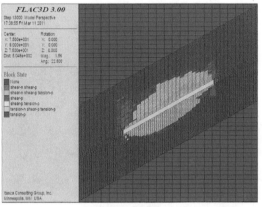

（c）煤层倾角20°　　　　　　　　　（d）煤层倾角30°

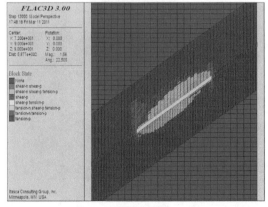
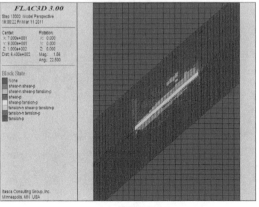

（e）煤层倾角35°　　　　　　　　　（f）煤层倾角40°

图 3-12　不同煤层倾角下沿煤层倾斜方向底板塑性区云图

（埋深 500 m、工作面宽度 80 m）

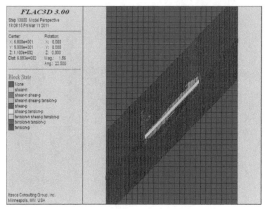

（g）煤层倾角45°

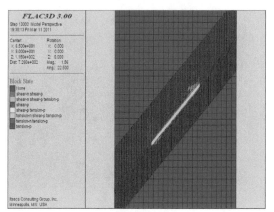

（h）煤层倾角50°

图 3-12（续）

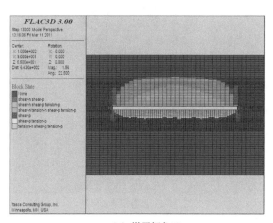

（a）煤层倾角0°

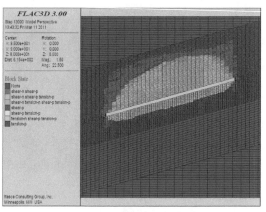

（b）煤层倾角15°

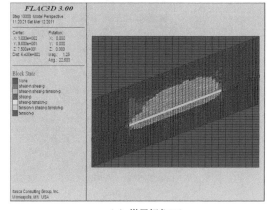

（c）煤层倾角20°

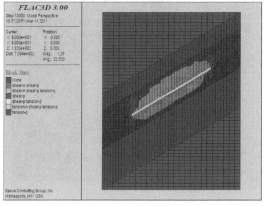

（d）煤层倾角30°

图 3-13　不同煤层倾角下沿煤层倾斜方向底板塑性区云图

（埋深 500 m、工作面宽度 120 m）

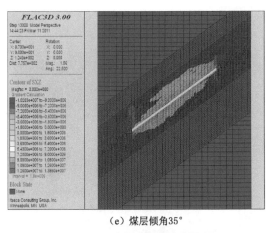

（e）煤层倾角35°

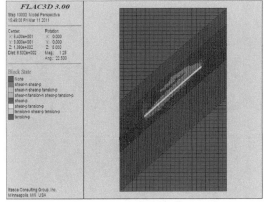

（f）煤层倾角40°

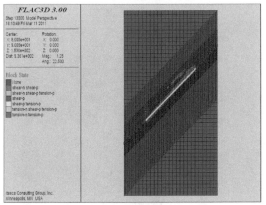

（g）煤层倾角45°

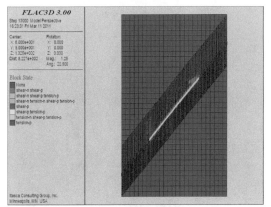

（h）煤层倾角50°

图 3-13（续）

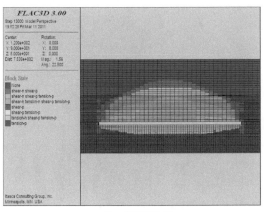

（a）煤层倾角0°

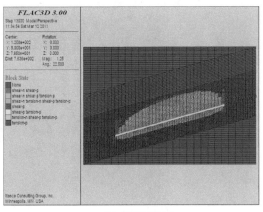

（b）煤层倾角15°

图 3-14　不同煤层倾角下沿煤层倾斜方向底板塑性区云图

（埋深 500 m、工作面宽度 160 m）

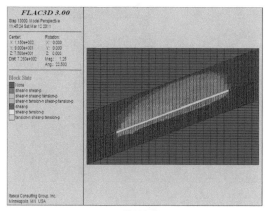

（c）煤层倾角20°　　　　　　　　　　（d）煤层倾角30°

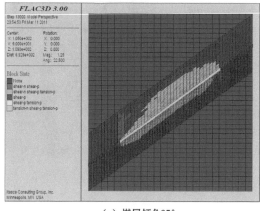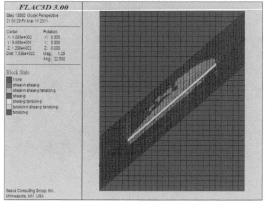

（e）煤层倾角35°　　　　　　　　　　（f）煤层倾角40°

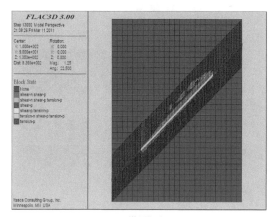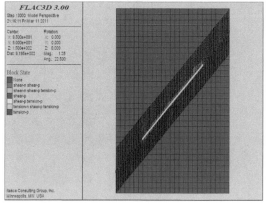

（g）煤层倾角45°　　　　　　　　　　（h）煤层倾角50°

图 3-14（续）

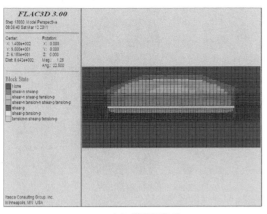

（a）煤层倾角0°

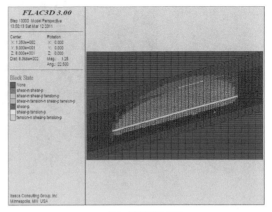

（b）煤层倾角15°

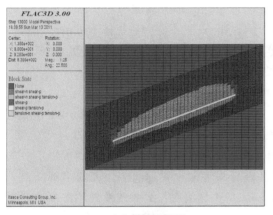

（c）煤层倾角20°

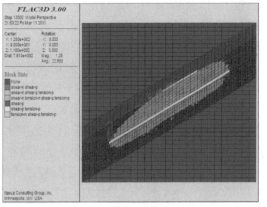

（d）煤层倾角30°

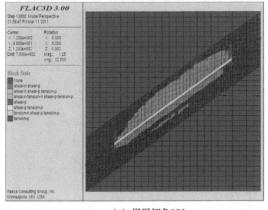

（e）煤层倾角35°

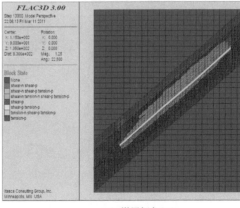

（f）煤层倾角40°

图 3-15　不同煤层倾角下沿煤层倾斜方向底板塑性区云图

（埋深 500 m、工作面宽度 200 m）

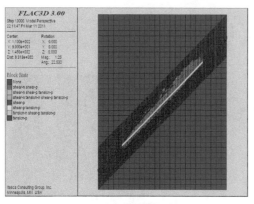
（g）煤层倾角45°

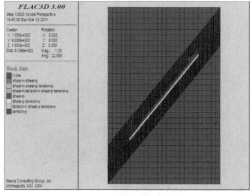
（h）煤层倾角50°

图 3-15（续）

和范围的塑性破坏区,且工作面下侧煤体下方的底板塑性破坏区深度与工作面底板岩层内的塑性破坏区深度接近;在工作面侧向支承压力的作用下,工作面两侧煤体下方的底板塑性破坏区将与工作面底板岩层内的塑性破坏区连接起来,形成一个比工作面宽度更宽的、范围更大的塑性破坏区,这与前面的理论计算分析结果是一致的。

（2）沿工作面倾向,水平煤层工作面底板塑性破坏区呈现对称的拱形分布形态,倾斜煤层工作面底板塑性破坏区呈现非对称的、下大上小的"勺"形分布形态;倾斜煤层工作面底板最大塑性破坏深度的位置随煤层倾角的增大而逐渐偏离工作面的中部向下移动。

（3）工作面侧向支承压力可以分解为垂直于底板岩层的压力以及平行于底板岩层斜向下的剪切力,导致倾斜煤层工作面底板最大塑性破坏深度的位置远离工作面的中部而向下偏移。如图 3-16 所示,当煤层倾角为 50°时,倾斜煤层工作面底板最大塑性破坏深度的位置偏离工作面中部的距离可以接近工作面宽度的 1/5。

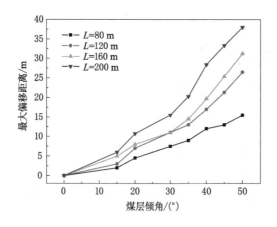

图 3-16　底板最大塑性破坏深度位置偏离工作面中部的距离随煤层倾角的变化规律
（埋深 500 m、不同工作面宽度）

（4）对于不同的工作面宽度,工作面底板最大塑性破坏深度随煤层倾角的增大而先增大后减小;当煤层倾角为 30°时,工作面底板塑性破坏深度最大,如图 3-17 所示;表明工作面底板岩层在倾角为 30°~35°时,所受到的剪应力最大,底板岩层容易发生剪切破坏。

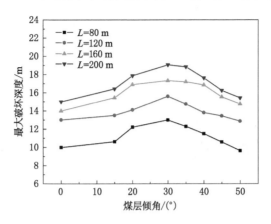

图 3-17 工作面底板最大塑性破坏深度随煤层倾角的变化规律
（埋深 500 m、不同工作面宽度）

（5）对于相同的煤层倾角,工作面底板最大塑性破坏深度随工作面宽度的增大而呈现增大的趋势。

3.5 埋深对底板应力分布与破坏特征的影响

图 3-18 为煤层埋深 600 m、工作面宽度 120 m 时,煤层倾角分别为 0°、15°、20°、30°、35°、40°、45°、50°八种情况下,沿煤层倾斜方向底板垂直应力云图。从图 3-18 可以看出,与埋深 500 m、工作面宽度 120 m 时的底板垂直应力云图相比,埋深增大后工作面底板卸压程度及卸压范围、工作面两侧底板应力集中程度及范围都增大,这预示着工作面底板的破坏深度、破坏范围随着煤层埋深的增大而增加;另外,随着煤层埋深的增大,工作面两侧的侧向支承压力及应力集中系数也在增加。

图 3-19 为煤层埋深 600 m、工作面宽度 120 m 时,煤层倾角分别为 0°、15°、20°、30°、35°、40°、45°、50°八种情况下,沿煤层倾斜方向底板剪应力云图。从图 3-19 可以看出,与埋深 500 m、工作面宽度 120 m 时的底板剪应力云图相比,埋深增大后工作面上下两侧的剪应力值增大;在煤层倾角为 30°~35°时,剪应力值达到最大,此时工作面底板岩体遭受的剪切破坏最为严重。

图 3-20 为煤层埋深 600 m、工作面宽度 120 m 时,煤层倾角分别为 0°、15°、20°、30°、35°、40°、45°、50°八种情况下,沿煤层倾斜方向底板塑性区云图。从图 3-20 可以看出,与埋深 500 m、工作面宽度 120 m 时的底板塑性区云图相比,埋深增大后工作面底板塑性破坏区深度和范围增大,表明随着煤层埋深的增大,工作面底板破坏深度也增大,如图 3-21 所示;当煤层倾角为 30°时,工作面底板塑性破坏深度达到最大值。值得注意的是,煤层埋深增大后工作面两侧煤体下方底板岩层内的塑性破坏区深度和范围也增大了,甚至超过工作面底板岩层内塑性破坏区的最大深度。因此,承压水上倾斜煤层开采时,倾斜工作面下侧区域是底板突水的危险区域。

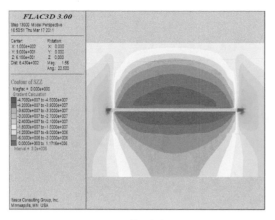

（a）煤层倾角0°　　　　　　　　　　（b）煤层倾角15°

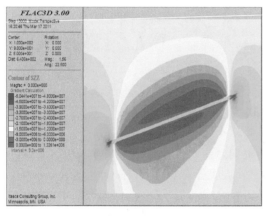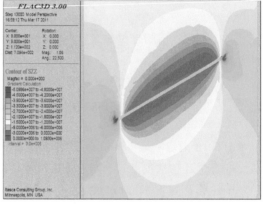

（c）煤层倾角20°　　　　　　　　　　（d）煤层倾角30°

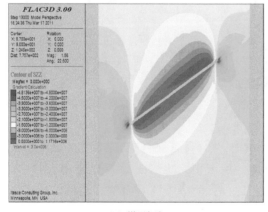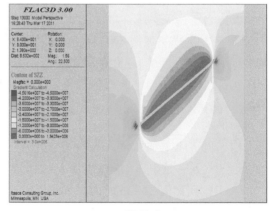

（e）煤层倾角35°　　　　　　　　　　（f）煤层倾角40°

图 3-18　不同煤层倾角下沿煤层倾斜方向底板垂直应力云图

（埋深 600 m、工作面宽度 120 m）

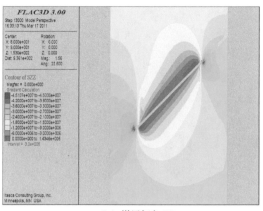
（g）煤层倾角45°

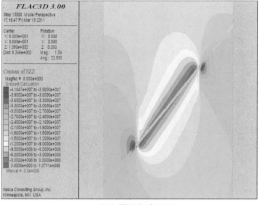
（h）煤层倾角50°

图 3-18（续）

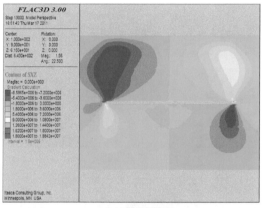
（a）煤层倾角0°

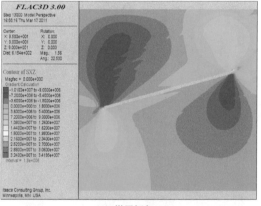
（b）煤层倾角15°

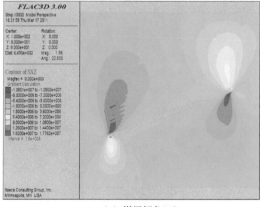
（c）煤层倾角20°

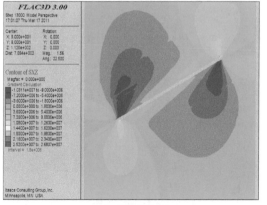
（d）煤层倾角30°

图 3-19　不同煤层倾角下沿煤层倾斜方向底板剪应力云图

（埋深 600 m、工作面宽度 120 m）

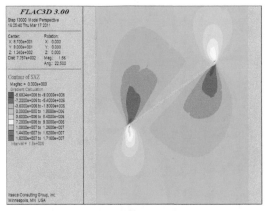

（e）煤层倾角35°　　　　　　　　　　　（f）煤层倾角40°

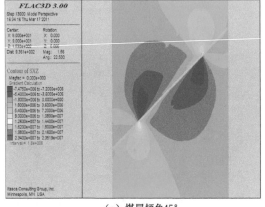
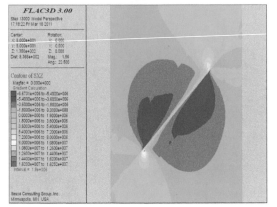

（g）煤层倾角45°　　　　　　　　　　　（h）煤层倾角50°

图 3-19（续）

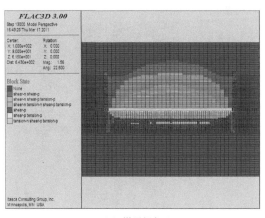
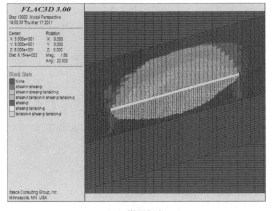

（a）煤层倾角0°　　　　　　　　　　　　（b）煤层倾角15°

图 3-20　不同煤层倾角下沿煤层倾斜方向底板塑性区云图

（埋深 600 m、工作面宽度 120 m）

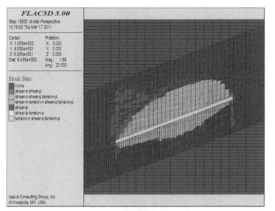

（c）煤层倾角20°

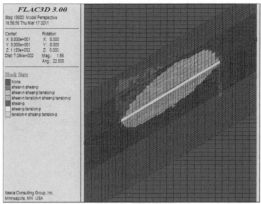

（d）煤层倾角30°

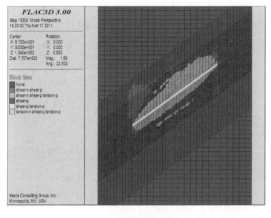

（e）煤层倾角35°

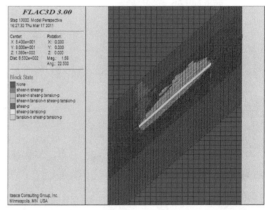

（f）煤层倾角40°

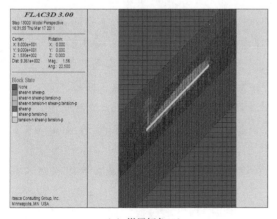

（g）煤层倾角45°

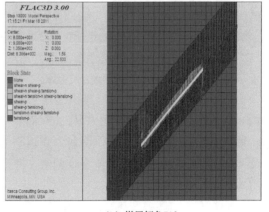

（h）煤层倾角50°

图 3-20（续）

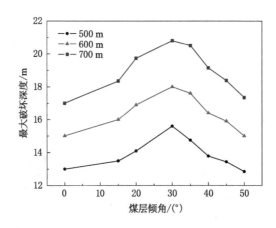

图 3-21 工作面宽度 120 m、不同埋深时,工作面底板最大塑性破坏深度随煤层倾角的变化规律

需要说明的是,煤层埋深 700 m、工作面宽度 120 m 时,煤层倾角分别为 0°、15°、20°、30°、35°、40°、45°、50° 八种情况下的工作面底板垂直应力、剪应力及塑性区分布规律也被模拟分析,并与埋深 500 m 和 600 m、工作面宽度 120 m 时底板垂直应力、剪应力及塑性区分布规律进行对比分析,限于篇幅,不再一一展示。

3.6 本章小结

依据倾斜煤层赋存特征,利用 FLAC³ᴰ 数值计算软件,建立了倾斜煤层走向长壁开采三维数值计算模型,模拟分析了倾斜煤层在不同埋深、不同工作面宽度时,沿煤层倾斜方向工作面侧向支承压力分布、底板应力分布、底板破坏深度及破坏形态随煤层倾角的变化规律,结果表明:

(1) 对于不同的工作面宽度,工作面上下两侧的侧向支承压力集中系数随着煤层倾角的增大而降低,但倾斜煤层工作面下侧的侧向支承压力集中系数始终大于工作面上侧的;工作面侧向支承压力峰值处距巷帮的距离随煤层倾角的增大而减小,工作面两侧的侧向支承压力及应力集中系数随煤层埋深的增大而增加;对于相同的煤层倾角,工作面两侧的侧向支承压力集中系数、侧向支承压力峰值处距巷帮的距离都随工作面宽度的增大而增大。

(2) 煤层开采后,工作面底板岩层形成卸压区,工作面两侧煤体下方形成应力集中区,两者以底板原岩应力等值线为界;工作面底板垂直应力等值线沿煤层倾斜方向呈现下大上小的"勺"形分布形态,而工作面两侧煤体下方的集中应力等值线呈现斜向煤体内的"泡"形分布形态,且工作面下侧煤体下方的集中"应力泡"斜向煤体内的程度随煤层倾角的增大而增大。

(3) 工作面底板卸压程度及工作面两侧底板应力集中程度随底板法向深度的增加而降低;工作面底板卸压范围及应力集中范围随煤层倾角的增大而缩小,但工作面下侧的应力集中程度和范围始终大于工作面上侧的;煤层埋深增大后,工作面底板卸压程度和范围、工作面两侧底板应力集中程度和范围都增大,工作面两侧的侧向支承压力及应力集中系数随煤层埋深的增大而增加。

（4）煤层开采后，工作面两侧形成"泡"形的剪应力，工作面上下两侧剪应力的影响范围随煤层倾角的增大而增大，同时，工作面上侧的剪应力泡斜向底板岩体内的程度增大；当煤层倾角大于 30°时，工作面上侧的剪应力将影响到整个工作面底板区域。

（5）对于不同的工作面宽度，工作面上下两侧底板剪应力的峰值都随煤层倾角的增大而先增大后减小；当煤层倾角为 30°～35°时，底板剪应力值达到最大，此时工作面底板岩体遭受的剪切破坏最为严重；对于相同的煤层倾角，工作面上下两侧底板剪应力的峰值随工作面宽度的增大，其变化不大；煤层埋深增大后，工作面上下两侧的剪应力也增大。

（6）煤层开采后，工作面底板岩层卸压，在工作面底板岩层内产生一个较大的塑性破坏区；工作面两侧应力集中，在工作面两侧煤体下方底板岩层内又各自产生一个具有一定深度和范围的破坏塑性区，且工作面下侧煤体下方的底板塑性破坏区深度与工作面底板岩层内的塑性破坏区深度接近；在工作面侧向支承压力的作用下，工作面两侧煤体下方的底板塑性破坏区与工作面底板岩层内的塑性破坏区连接起来，形成一个比工作面宽度更宽的、范围更大的塑性破坏区；煤层埋深增大后，工作面底板塑性破坏区的深度和范围也增加。

（7）沿工作面倾向，水平煤层工作面底板塑性破坏区呈现对称的拱形分布形态，倾斜煤层工作面底板塑性破坏区呈现非对称的、下大上小的"勺"形分布形态；倾斜煤层工作面底板最大塑性破坏深度的位置随煤层倾角的增大而逐渐偏离工作面的中部向下偏移；当煤层倾角为 50°时，倾斜煤层工作面底板最大塑性破坏深度的位置偏离工作面中部的距离可以接近工作面宽度的 1/5。

（8）对于不同的工作面宽度，工作面底板最大塑性破坏深度随煤层倾角的增大而先增大后减小；当煤层倾角为 30°时，工作面底板塑性破坏深度值达到最大；对于相同的煤层倾角，工作面底板最大塑性破坏深度随工作面宽度的增大而呈现增加的趋势。

4 倾斜煤层底板突水力学分析

煤层开采引起采场围岩变形破坏,降低底板岩层的隔水能力,使得采场下伏承压水冲破底板岩层的阻隔,以突发、缓发或滞发的形式进入工作面从而造成底板突水。因此,正确判断采场底板岩层的稳定性及隔水能力尤为重要。本章针对承压水上倾斜煤层底板岩层所受载荷的非对称特征,在考虑沿煤层倾斜方向存在一定水压梯度的情况下,依据隔水关键层理论,建立线性增加水压作用下的倾斜煤层底板隔水关键层力学模型。采用弹性薄板理论,分析倾斜隔水关键层的力学特性。通过引入 Griffith 和 Mohr-Coulomb 两种屈服准则,推导基于拉伸和剪切破坏机理的倾斜隔水关键层失稳力学判据,并应用于现场倾斜煤层底板隔水关键层的稳定性分析[86]。

4.1 倾斜煤层底板隔水关键层力学模型

4.1.1 倾斜隔水关键层力学模型

煤层开采之前,底板承压含水层顶界面已经向上发育高度不同的导水裂隙,即承压水原始导升,如图 4-1(a)所示(煤层底面至含水层顶面之间的岩层厚度为 h)。工作面开采之后,形成应力集中区和应力降低区,导致采场围岩变形破坏,形成底板采动导水破坏带;同时,在采动矿压和承压水水压的共同作用下,承压水原始导升带内的水会在围压由高变低的应力环境下沿裂隙向上进一步递进导升,形成承压水导升带,如图 4-1(b)所示(沿煤层倾斜方向工作面剖面图)。若底板采动导水破坏带与承压水导升带沟通,即发生工作面底板突水;反之,则在底板采动导水破坏带与承压水导升带之间存在保护层带(完整岩层带),如图 4-1(b)所示。随着工作面的继续推进,采空区范围进一步扩大,底板采动导水破坏带深度会进一步增大;同样,在采动矿压和承压水水压的共同作用下,底板承压水也会进一步向上导升,使得底板保护层带岩层遭到进一步的破坏。此时,工作面底板突水与否,关键取决于底板保护层带岩层的稳定性及阻隔水性能高低。

缪协兴等[61-62]在岩层控制的关键层理论基础上,提出了用于指导保水采煤的隔水关键层概念。若煤层上部含水层在结构关键层的上方,或煤层下部含水层在结构关键层的下方,结构关键层采动后不破断,则可起到隔水作用,即隔水关键层;若结构关键层采动后发生破断,但破断裂隙被软弱岩层所充填而不能形成渗流突水通道,则结构关键层与软弱岩层组合形成复合隔水关键层。因此,在矿井水害防治中,阐明开采煤层底板保护层带内结构关键层存在、强度、破断特征及破断后的渗流特性显得尤为重要。

依据隔水关键层理论,假设倾斜煤层底板保护层带内存在具有一定厚度且承载能力较高的坚硬岩层,其可以作为底板保护层带内岩层的结构关键层(控制着保护层带内岩层的运

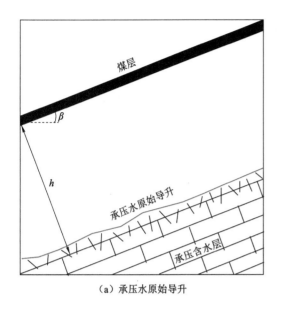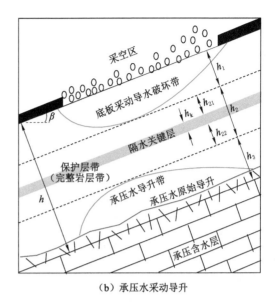

（a）承压水原始导升　　　　　　（b）承压水采动导升

图 4-1　承压水上倾斜煤层开采沿煤层倾斜方向工作面底板破坏示意

动），结构关键层采动后不破断即可起到隔水作用，那么此结构关键层即隔水关键层，可以起到阻隔底板承压水的作用。借助倾斜煤层底板多个钻孔地质资料及室内岩石力学试验结果，可以确定煤层底板各岩层的厚度、强度及相应的层位。利用隔水关键层理论中（结构）关键层判别方法可以判断出底板岩层中哪一层岩层为结构关键层（隔水关键层），进而确定具体地质条件下底板结构关键层的岩性、厚度、密度、强度（抗压、抗拉、抗剪强度）等参数。不同的地质环境中，底板结构关键层的岩性、厚度、密度、强度、层位等参数一般不同。结构关键层通常为较坚硬的岩层，可能是不同类型的砂岩、粉砂岩层，也可能是页岩、砂泥岩互层，其抗压强度一般高于 20 MPa，具体情况由钻孔地质资料确定。另外，结构关键层越厚、越完整，其承载能力越强，相应的阻隔水能力也越强。

　　为了分析倾斜煤层底板保护层带内岩层的稳定性及阻隔水性能，预测倾斜煤层底板突水，将底板保护层带内的结构关键层从图 4-1（b）中取出，建立如图 4-2 所示的倾斜煤层底板隔水关键层力学模型。假设倾斜煤层底板采动导水破坏带深度为 h_1，平均重度为 γ_1；底板保护层带厚度为 h_2，平均重度为 γ_2；底板承压水导升带高度为 h_3，平均重度为 γ_3；底板隔水关键层厚度为 h_k［隔水关键层上方保护层带的厚度为 h_{21}，下方保护层带的厚度为 h_{22}，且满足 $h_{21}+h_k+h_{22}=h_2$，如图 4-1（b）所示］，平均弹性模量为 E_k，重度为 γ_k，泊松比为 μ_k，倾角为 β，其中 $h=h_1+h_2+h_3$。

4.1.2　倾斜隔水关键层载荷分布

　　依据矿山压力与岩层控制理论[87]，将采场底板倾斜隔水关键层简化为四边固支的倾斜矩形薄板（关键层厚度 h_k 满足薄板条件），如图 4-2（a）所示，其中 X 轴方向为工作面推进方向，长度为 a；Y 轴方向为工作面倾向，长度为 b；Z 轴方向垂直隔水关键层。将采场顶板垮落矸石对底板岩层作用的载荷 $q_0=\gamma_0 h_0$（其可以对底板隔水关键层传递并施加载荷，其中

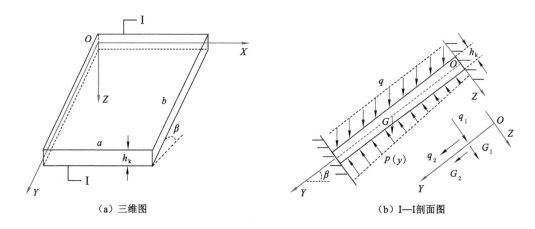

（a）三维图　　　　　　　　　　　（b）I—I剖面图

图 4-2　倾斜煤层底板隔水关键层力学模型

γ_0 为垮落矸石重度，h_0 为垮落矸石高度）、底板采动导水破坏带内岩层载荷 $\gamma_1 h_1$ 及底板隔水关键层上方保护层带内岩层载荷 $\gamma_2 h_{21}$ 看成作用在底板倾斜隔水关键层上表面的竖直向下的载荷，三者总载荷 $q = q_0 + \gamma_1 h_1 + \gamma_2 (h_2 - h_k - h_{22}) = \gamma_0 h_0 + \gamma_1 h_1 + \gamma_2 h_{21}$，其可以分解为垂直于倾斜隔水关键层的横向载荷（$q_1 = q\cos\beta$）和平行于倾斜隔水关键层且沿着 Y 轴向下的纵向载荷（$q_2 = q\sin\beta$），如图 4-2（b）所示。倾斜隔水关键层的体力 $G = \gamma_k h_k$，同样可以分解为垂直于倾斜隔水关键层的横向体力 $G_1 = G\cos\beta$ 和平行于倾斜隔水关键层的纵向体力 $G_2 = G\sin\beta$。

　　值得注意的是，由于倾斜煤层底板岩层的倾斜，垂直作用在底板倾斜隔水关键层下表面的水压载荷不能再简单处理为均匀分布的水压载荷，而是沿煤层倾斜方向存在一定水压梯度的载荷。为使问题合理简化，假设作用在底板倾斜隔水关键层下表面的水压载荷 p 是沿着煤层倾斜方向向下（沿 Y 轴正方向）线性增加的，其与工作面区段垂高成正比，即满足式（4-1）所示的关系，其方向垂直于底板倾斜隔水关键层的下表面向上，如图 4-2（b）所示。

$$p(y) = \frac{\rho g \Delta H}{b} y + p_0 = \rho g y \sin\beta + p_0 \qquad (4\text{-}1)$$

式中，p_0 为工作面上端头处底板承压含水层水压，MPa；ΔH 为工作面区段垂高，m；y 为工作面倾向长度，m；β 为底板岩层倾角，$(°)$；ρ 为底板承压含水层水的密度，kg/m³；g 为重力加速度，m/s²。

4.2　倾斜煤层底板隔水关键层力学特性

4.2.1　倾斜隔水关键层挠度函数

（1）函数的确定

众所周知，当仅有纵向载荷作用时，矩形板没有横向的挠度；当仅有横向载荷作用时，会对矩形板产生一个横向的挠度，若此时再施加一个纵向载荷，那么此矩形板必定会进一步加大弯曲的挠度。通过对倾斜煤层底板隔水关键层所受（水压）载荷分布特点的分析可知，作用在底板倾斜隔水关键层上的横向载荷在 X 轴方向的分布是保持不变的，而在 Y 轴方向是线性增加的，其满足式（4-1）的关系。因此，在纵向及横向载荷联合作用下，取线性增加水压作用下的倾斜煤层底板隔水关键层的挠度函数，如式（4-2）所示，其满足四边固支的边界条件。

$$w(x,y) = Ay\sin^2\left(\frac{\pi x}{a}\right)\sin^2\left(\frac{\pi y}{b}\right) \tag{4-2}$$

式中，A 为挠度函数 $w(x,y)$ 的系数。

依据最小势能原理[79]，可得纵向及横向载荷联合作用下倾斜煤层底板隔水关键层挠度函数 w 的系数：

$$A = \frac{b\left\{\left[\gamma_1 h_1 + \gamma_2(h_2 - h_k) + \gamma_k h_k\right]\cos\beta - p_0 - \left(\frac{2}{3} - \frac{1}{\pi^2}\right)\rho gb\sin\beta\right\}}{2D\left[\left(\frac{\pi}{a}\right)^4 b^2\left(1 - \frac{15}{8\pi^2}\right) + \left(\frac{\pi}{b}\right)^2\left(\pi^2 + \frac{15}{8}\right) + \left(\frac{\pi}{a}\right)^2\left(\frac{2}{3}\pi^2 - \frac{1}{4}\right)\right] - \frac{3b\left[\gamma_1 h_1 + \gamma_2(h_2 - h_k) + \gamma_k h_k\right]\sin\beta}{8}\left(\pi^2 - \frac{9}{4}\right)} \tag{4-3}$$

则采场底板倾斜隔水关键层的挠度函数 w 为

$$w = \frac{b\left\{\left[\gamma_1 h_1 + \gamma_2(h_2 - h_k) + \gamma_k h_k\right]\cos\beta - p_0 - \left(\frac{2}{3} - \frac{1}{\pi^2}\right)\rho gb\sin\beta\right\}y\sin^2\left(\frac{\pi x}{a}\right)\sin^2\left(\frac{\pi y}{b}\right)}{\frac{E_k h_k^3}{6(1-\mu_k^2)}\left[\left(\frac{\pi}{a}\right)^4 b^2\left(1 - \frac{15}{8\pi^2}\right) + \left(\frac{\pi}{b}\right)^2\left(\pi^2 + \frac{15}{8}\right) + \left(\frac{\pi}{a}\right)^2\left(\frac{2}{3}\pi^2 - \frac{1}{4}\right)\right] - \frac{3b\left[\gamma_1 h_1 + \gamma_2(h_2 - h_k) + \gamma_k h_k\right]\sin\beta}{8}\left(\pi^2 - \frac{9}{4}\right)} \tag{4-4}$$

（2）最大挠曲位置

采场底板倾斜隔水关键层在 Y 轴方向受到线性增加横向载荷的作用，同时还受到平行于隔水关键层沿 Y 轴方向向下的纵向载荷作用，使得承压水上倾斜煤层底板隔水关键层的挠度曲线呈现非对称的特征，且最大挠曲点向下偏离隔水关键层的几何中心。而 X 轴方向的载荷分布保持不变，使得采场底板倾斜隔水关键层的最大挠曲点始终位于 $x=a/2$ 的直线上。通过对采场底板倾斜隔水关键层的挠度函数 w 求 y 的一阶导数，就可以确定倾斜隔水关键层最大挠曲点在 Y 轴上的位置。挠度函数 w 对 y 的一阶导数为

$$\frac{\partial w}{\partial y} = A\sin^2\left(\frac{\pi x}{a}\right)\left[\sin^2\left(\frac{\pi y}{b}\right) + \frac{2\pi y}{b}\sin\left(\frac{\pi y}{b}\right)\cos\left(\frac{\pi y}{b}\right)\right] \tag{4-5}$$

将 $x=a/2$ 代入式（4-5），并令其为零，且 $b/2 < y < b$，可得采场底板倾斜隔水关键层最大挠度点的坐标为

$$\begin{cases} x = a/2 \\ y = 1.84b/\pi \end{cases} \tag{4-6}$$

从式（4-6）可以看出，采场底板倾斜隔水关键层最大挠曲点在 Y 轴上的位置为 $y = 1.84b/\pi$（若 $b=120$ m，则 $y=70.3$ m），其大于 $b/2$，在 Y 轴方向明显向下偏离隔水关键层的几何中心。另外，从式（4-6）还可以看出，此处得到的采场底板倾斜隔水关键层最大挠曲位置的 Y 轴坐标仅是关于隔水关键层几何尺寸 b 的函数，而不包含隔水关键层的倾角 β，这主要与所取挠度函数 w 中级数的项数有关。挠度函数 w［式（4-2）］只是函数 $w_{mn} = A_{mn}y\sin^2(m\pi x/a)\sin^2(n\pi y/b)$ 在 $m=n=1$ 情况下的特例（m,n 为任意正整数），对于更具普遍意义的 w_{mn} 而言，将式（4-5）表述为

$$\frac{\partial w_{mn}}{\partial y} = A_{mn}\sin^2\left(\frac{m\pi x}{a}\right)\left[\sin^2\left(\frac{n\pi y}{b}\right) + \frac{2n\pi y}{b}\sin\left(\frac{n\pi y}{b}\right)\cos\left(\frac{n\pi y}{b}\right)\right] \qquad (4\text{-}7)$$

将 $x=a/2$ 代入式(4-7)，取其前两项($m=1,n=1$、2)，并令其为零，可得

$$A_{11}\left[\sin\left(\frac{\pi y}{b}\right) + \frac{2\pi y}{b}\cos\left(\frac{\pi y}{b}\right)\right] + A_{12}\left[\sin\left(\frac{2\pi y}{b}\right) + \frac{4\pi y}{b}\cos\left(\frac{2\pi y}{b}\right)\right] = 0 \qquad (4\text{-}8)$$

因为式(4-8)中系数 A_{11}、A_{12} 是关于隔水关键层倾角 β 的函数，通过求解式(4-8)可以得到一个包含隔水关键层倾角 β 和关键层几何尺寸 b 的坐标函数，即 $y=k(\beta)\cdot\lambda(b)$。经计算发现，虽然隔水关键层最大挠曲点在 Y 轴上的位置会随其倾角的增大进一步向下偏离隔水关键层的几何中心，但其偏离程度并不敏感。因此，在实际工程应用中，仍然选取形如式(4-2)所示的挠度函数 w，即 $m=n=1$ 的特殊情况。

4.2.2 倾斜隔水关键层变形特性

（1）上覆岩层载荷

在采场底板倾斜隔水关键层参数取 $a=40$ m、$b=120$ m、$h_k=20$ m、$p_0=0.5$ MPa、$\gamma_k=28$ kN/m³、$E_k=32$ GPa、$\beta=30°$、$\mu_k=0.24$、$\rho=10^3$ kg/m³、$g=10$ m/s² 的情况下，采场底板倾斜隔水关键层的挠度 w 随其上覆岩层载荷 q 的变化规律如图4-3所示($x=a/2$)。

从图4-3可以看出，采场底板倾斜隔水关键层的挠度 w 随其上覆岩层载荷 q 的增大而增大。但在倾斜隔水关键层下方岩层支撑反力和承压水水压的共同作用下，底板倾斜隔水关键层所产生的挠曲变形将会被部分抵消；同时，增大的上覆岩层载荷将压缩闭合倾斜隔水关键层上产生的变形破坏裂隙，从而更有利于阻隔倾斜煤层底板突水。

（2）承压含水层水压

在采场底板倾斜隔水关键层参数取 $a=40$ m、$b=120$ m、$h_0=10$ m、$h_1=15$ m、$h_{21}=20$ m、$h_k=20$ m、$\gamma_0=22$ kN/m³、$\gamma_1=\gamma_2=26$ kN/m³、$\gamma_k=28$ kN/m³、$E_k=32$ GPa、$\beta=30°$、$\mu_k=0.24$、$\rho=10^3$ kg/m³、$g=10$ m/s² 的情况下，采场底板倾斜隔水关键层的挠度 w 随工作面上端头处底板承压含水层水压 p_0 的变化规律，如图4-4所示($x=a/2$)。

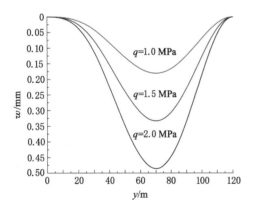

图4-3　倾斜隔水关键层挠度随其上覆岩层载荷的变化规律

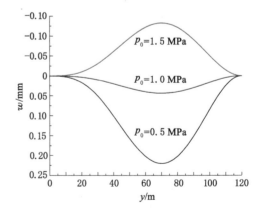

图4-4　倾斜隔水关键层挠度随工作面上端头处底板承压含水层水压的变化规律

从图 4-4 可以看出,采场底板倾斜隔水关键层的挠度 w 随工作面上端头处底板承压含水层水压 p_0 的增大而减小,最后为负值。这表明在采动应力和底板承压含水层水压的共同作用下,只有当采场底板倾斜隔水关键层向上发生弯曲变形时(逆着 Z 轴方向,挠度 $w<0$),即 $[p_0+(2/3-1/\pi^2)\rho gb\sin\beta]>[\gamma_0 h_0+\gamma_1 h_1+\gamma_2 h_{21}+\gamma_k h_k]\cos\beta$,才可能诱发工作面底板突水,这也是倾斜煤层发生底板突水的必要条件。因此,随着工作面底板承压含水层水压的增大,倾斜煤层发生底板突水的可能性也增大。

(3)隔水关键层厚度

在采场底板倾斜隔水关键层参数取 $a=40$ m、$b=120$ m、$h_0=10$ m、$h_1=15$ m、$h_{21}=20$ m、$p_0=0.5$ MPa、$\gamma_0=22$ kN/m³、$\gamma_1=\gamma_2=26$ kN/m³、$\gamma_k=28$ kN/m³、$E_k=32$ GPa、$\beta=30°$、$\mu_k=0.24$、$\rho=10^3$ kg/m³、$g=10$ m/s² 的情况下,采场底板倾斜隔水关键层的挠度 w 随其厚度 h_k 的变化规律如图 4-5 所示($x=a/2$)。从图 4-5 可以看出,采场底板倾斜隔水关键层的挠度 w 随其厚度 h_k 的增大而减小,表明底板倾斜隔水关键层越厚越有利于阻隔底板突水。

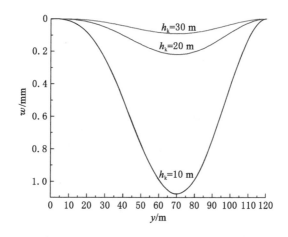

图 4-5 倾斜隔水关键层挠度随其厚度的变化规律

(4)隔水关键层倾角

在采场底板倾斜隔水关键层参数取 $a=40$ m、$b=120$ m、$h_0=10$ m、$h_1=15$ m、$h_{21}=20$ m、$h_k=20$ m、$p_0=0.5$ MPa、$\gamma_0=22$ kN/m³、$\gamma_1=\gamma_2=26$ kN/m³、$\gamma_k=28$ kN/m³、$E_k=32$ GPa、$\mu_k=0.24$、$\rho=10^3$ kg/m³、$g=10$ m/s² 的情况下,采场底板倾斜隔水关键层的挠度 w 随其倾角 β 的变化规律如图 4-6 所示($x=a/2$)。

从图 4-6 可以看出,在采场底板倾斜隔水关键层上作用的向下载荷大于向上载荷的情况下,挠度曲线沿 Z 轴向下弯曲,且底板倾斜隔水关键层最大挠度随其倾角的增大而减小,变化比较明显;而底板倾斜隔水关键层最大挠曲位置偏离工作面中部的程度随着倾角的变化并不敏感,但仍随倾角的增大而向下偏离工作面的中部。这主要由于随着底板隔水关键层倾角的增大,竖向载荷 q 在其上表面的横向分载荷 $q\cos\beta$ 减小(而与此同时,平行于隔水关键层作用的纵向分载荷 $q\sin\beta$ 增大,且作用在底板倾斜隔水关键层下表面的水压梯度略有增大),而隔水关键层沿着 Z 轴方向向下的挠曲主要是横向载荷的作用结果,从而使得底

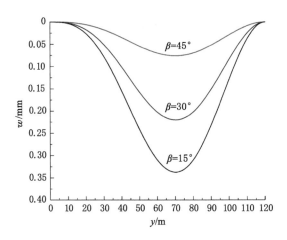

图 4-6　倾斜隔水关键层挠度随其倾角的变化规律

板隔水关键层最大挠度随其倾角 β 的增大而呈减小趋势。因此,在其他条件相同的情况下,采场底板岩层倾角越大,越容易导致倾斜煤层工作面底板突水。

4.2.3　倾斜隔水关键层力学特性

将采场底板倾斜隔水关键层挠度函数 $w(x,y)$[式(4-2)]分别代入弹性矩形薄板应力、内力与挠度函数的关系式,可得采场底板倾斜隔水关键层的应力和内力的表达式:

$$
\begin{cases}
\sigma_x = \dfrac{E_k z A}{1-\mu_k^2}\left\{\dfrac{2\pi^2}{a^2}y\cos\left(\dfrac{2\pi x}{a}\right)\sin^2\left(\dfrac{\pi y}{b}\right)+\mu_k\left[\dfrac{2\pi}{b}\sin^2\left(\dfrac{\pi x}{a}\right)\sin\left(\dfrac{2\pi y}{b}\right)+\dfrac{2\pi^2}{b^2}y\sin^2\left(\dfrac{\pi x}{a}\right)\cos\left(\dfrac{2\pi y}{b}\right)\right]\right\} \\[2mm]
\sigma_y = \dfrac{E_k z A}{1-\mu_k^2}\left[\dfrac{2\pi}{b}\sin^2\left(\dfrac{\pi x}{a}\right)\sin\left(\dfrac{2\pi y}{b}\right)+\dfrac{2\pi^2}{b^2}y\sin^2\left(\dfrac{\pi x}{a}\right)\cos\left(\dfrac{2\pi y}{b}\right)+\mu_k\dfrac{2\pi^2}{a^2}y\cos\left(\dfrac{2\pi x}{a}\right)\sin^2\left(\dfrac{\pi y}{b}\right)\right] \\[2mm]
\sigma_z = \dfrac{E_k A}{2(1-\mu_k^2)}\left(\dfrac{h_k^3}{12}+\dfrac{z^3}{3}-\dfrac{z h_k^2}{4}\right)\left[\dfrac{8\pi^3}{a^2 b}\cos\left(\dfrac{2\pi x}{a}\right)\sin\left(\dfrac{2\pi y}{b}\right)-\dfrac{16\pi^3}{b^3}\sin^2\left(\dfrac{\pi x}{a}\right)\sin\left(\dfrac{2\pi y}{b}\right)-\right. \\[2mm]
\qquad\quad \left.\dfrac{8\pi^4}{a^4}y\cos\left(\dfrac{2\pi x}{a}\right)\sin^2\left(\dfrac{\pi y}{b}\right)+\dfrac{8\pi^4}{a^2 b^2}y\cos\left(\dfrac{2\pi x}{a}\right)\cos\left(\dfrac{2\pi y}{b}\right)-\dfrac{8\pi^4}{b^4}y\sin^2\left(\dfrac{\pi x}{a}\right)\cos\left(\dfrac{2\pi y}{b}\right)\right] \\[2mm]
\tau_{xy} = \dfrac{E_k z A}{1+\mu_k}\left[\dfrac{\pi}{a}\sin\left(\dfrac{2\pi x}{a}\right)\sin^2\left(\dfrac{\pi y}{b}\right)+\dfrac{\pi^2}{ab}y\sin\left(\dfrac{2\pi x}{a}\right)\sin\left(\dfrac{2\pi y}{b}\right)\right] \\[2mm]
\tau_{xz} = \dfrac{E_k A}{2(1-\mu_k^2)}\left(z^2-\dfrac{h_k^2}{4}\right)\left[\dfrac{2\pi^2}{ab}\sin\left(\dfrac{2\pi x}{a}\right)\sin\left(\dfrac{2\pi y}{b}\right)-\dfrac{4\pi^3}{a^3}y\sin\left(\dfrac{2\pi x}{a}\right)\sin^2\left(\dfrac{\pi y}{b}\right)+\right. \\[2mm]
\qquad\quad \left.\dfrac{2\pi^3}{ab^2}y\sin\left(\dfrac{2\pi x}{a}\right)\cos\left(\dfrac{2\pi y}{b}\right)\right] \\[2mm]
\tau_{yz} = \dfrac{E_k A}{2(1-\mu_k^2)}\left(z^2-\dfrac{h_k^2}{4}\right)\left[\dfrac{2\pi^2}{a^2}\cos\left(\dfrac{2\pi x}{a}\right)\sin^2\left(\dfrac{\pi y}{b}\right)+\dfrac{6\pi^2}{b^2}\sin^2\left(\dfrac{\pi x}{a}\right)\cos\left(\dfrac{2\pi y}{b}\right)+\right. \\[2mm]
\qquad\quad \left.\dfrac{2\pi^3}{a^2 b}y\cos\left(\dfrac{2\pi x}{a}\right)\sin\left(\dfrac{2\pi y}{b}\right)-\dfrac{4\pi^3}{b^3}y\sin^2\left(\dfrac{\pi x}{a}\right)\sin\left(\dfrac{2\pi y}{b}\right)\right]
\end{cases}
$$

$$(4-9)$$

$$
\left\{
\begin{aligned}
M_x &= \frac{E_k h_k^3 A}{12(1-\mu_k^2)}\left\{\frac{2\pi^2}{a^2}y\cos\left(\frac{2\pi x}{a}\right)\sin^2\left(\frac{\pi y}{b}\right)+\mu_k\left[\frac{2\pi}{b}\sin^2\left(\frac{\pi x}{a}\right)\sin\left(\frac{2\pi y}{b}\right)+\right.\right. \\
&\quad \left.\left.\frac{2\pi^2}{b^2}y\sin^2\left(\frac{\pi x}{a}\right)\cos\left(\frac{2\pi y}{b}\right)\right]\right\} \\
M_y &= \frac{E_k h_k^3 A}{12(1-\mu_k^2)}\left[\frac{2\pi}{b}\sin^2\left(\frac{\pi x}{a}\right)\sin\left(\frac{2\pi y}{b}\right)+\frac{2\pi^2}{b^2}y\sin^2\left(\frac{\pi x}{a}\right)\cos\left(\frac{2\pi y}{b}\right)+\right. \\
&\quad \left.\mu_k\frac{2\pi^2}{a^2}y\cos\left(\frac{2\pi x}{a}\right)\sin^2\left(\frac{\pi y}{b}\right)\right] \\
M_{xy} &= M_{yx} = \frac{E_k h_k^3 A}{12(1+\mu_k)}\left[\frac{\pi}{a}\sin\left(\frac{2\pi x}{a}\right)\sin^2\left(\frac{\pi y}{b}\right)+\frac{\pi^2}{ab}y\sin\left(\frac{2\pi x}{a}\right)\sin\left(\frac{2\pi y}{b}\right)\right] \\
Q_x &= \frac{E_k h_k^3 A}{12(1-\mu_k^2)}\left[\frac{2\pi^2}{ab}\sin\left(\frac{2\pi x}{a}\right)\sin\left(\frac{2\pi y}{b}\right)-\frac{4\pi^3}{a^3}y\sin\left(\frac{2\pi x}{a}\right)\sin^2\left(\frac{\pi y}{b}\right)+\right. \\
&\quad \left.\frac{2\pi^3}{ab^2}y\sin\left(\frac{2\pi x}{a}\right)\cos\left(\frac{2\pi y}{b}\right)\right] \\
Q_y &= \frac{E_k h_k^3 A}{12(1-\mu_k^2)}\left[\frac{2\pi^2}{a^2}\cos\left(\frac{2\pi x}{a}\right)\sin^2\left(\frac{\pi y}{b}\right)+\frac{6\pi^2}{b^2}\sin^2\left(\frac{\pi x}{a}\right)\cos\left(\frac{2\pi y}{b}\right)+\right. \\
&\quad \left.\frac{2\pi^3}{a^2 b}y\cos\left(\frac{2\pi x}{a}\right)\sin\left(\frac{2\pi y}{b}\right)-\frac{4\pi^3}{b^3}y\sin^2\left(\frac{\pi x}{a}\right)\sin\left(\frac{2\pi y}{b}\right)\right]
\end{aligned}
\right. \tag{4-10}
$$

式中，σ_x、σ_y、σ_z、τ_{xy}、τ_{xz}、τ_{yz} 为 6 个应力分量；M_x、M_y 为弯矩；M_{xy}、M_{yx} 为扭矩；Q_x、Q_y 为横向剪力；$0 \leqslant x \leqslant a$，$0 \leqslant y \leqslant b$，$-h_k/2 \leqslant z \leqslant h_k/2$。需要注意的是，这里的弯矩、扭矩和横向剪力均是指作用在隔水关键层单元每单位宽度上的内力。

从采场底板倾斜隔水关键层的应力表达式(4-9)可知，采场底板倾斜隔水关键层的应力分量 σ_x、σ_y、σ_z、τ_{xy}、τ_{xz}、τ_{yz} 是关于坐标轴 Z 的函数，其中应力分量 σ_x、σ_y、τ_{xy} 沿板厚呈线性分布，且最大值位于上下板面上（$z = -h_k/2$，$z = h_k/2$）；而应力分量 τ_{xz}、τ_{yz} 沿板厚呈抛物线分布，且最大值位于板的中面上（$z = 0$）。如图 4-7 所示，且各应力分量的最大值为

$$
\left\{
\begin{aligned}
&(\sigma_x)_{z=\frac{h_k}{2}} = -(\sigma_x)_{z=-\frac{h_k}{2}} = \frac{6M_x}{h_k^2} \\
&(\sigma_y)_{z=\frac{h_k}{2}} = -(\sigma_y)_{z=-\frac{h_k}{2}} = \frac{6M_y}{h_k^2} \\
&(\tau_{xy})_{z=\frac{h_k}{2}} = -(\tau_{xy})_{z=-\frac{h_k}{2}} = \frac{6M_{xy}}{h_k^2} \\
&(\tau_{xz})_{z=0} = \frac{3Q_x}{2h_k}, \quad (\tau_{yz})_{z=0} = \frac{3Q_y}{2h_k}
\end{aligned}
\right. \tag{4-11}
$$

工作面没有回采之前，煤层底板倾斜岩层处于应力平衡状态；工作面回采时，采场底板倾斜岩层受力状态发生变化，当采场底板倾斜隔水关键层在采动应力和底板承压水压力作用下向上发生弯曲变形时（逆着 Z 轴方向，此时挠度 $w < 0$，挠度系数 $A < 0$），必有 $[p_0 + (2/3 - 1/\pi^2)\rho g b \sin\beta] > [\gamma_1 h_1 + \gamma_2 (h_2 - h_k) + \gamma_k h_k]\cos\beta$，此时才可能诱发工作面底板突水，这也是发生底板突水的必要条件。在采场底板倾斜隔水关键层参数取 $a = 40$ m、$b = 120$ m、$h_1 = 15$ m、$h_2 = 30$ m、$h_k = 20$ m、$\beta = 30°$、$p_0 = 3.0$ MPa、$\gamma_1 = \gamma_2 = 26$ kN/m³、$\gamma_k = 28$ kN/m³、$E_k = 32$ GPa、$C = 15$ MPa、$\varphi = 46°$、$\mu_k = 0.24$、$z = h_k/2$、$\rho = 10^3$ kg/m³、$g = 10$ m/s² 的情况下，挠度函数 w 的系数 $A = -1.237 \times 10^{-5}$。在已知这些参数的情况下，利用式(4-9)

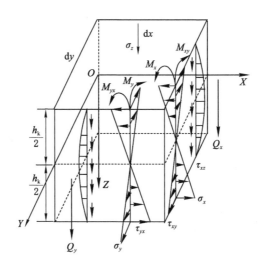

图 4-7　隔水关键层单元弯曲的应力及内力分布

和式(4-10)可以得到采场底板倾斜隔水关键层向上弯曲时关键层的应力 σ_x、σ_y、τ_{xy} 和内力 M_x、M_y、Q_x、Q_y 的分布规律,如表 4-1 所示(表中仅分析关键层下板面 $z = h_k/2$ 的情况)。

表 4-1　倾斜隔水关键层应力和内力分布规律及其最大值和位置

名称		分布图	最大值	位置/m	
				X 轴	Y 轴
应力 /MPa	σ_x		−3.38	0、40	70.3
			3.48	20	70.3
	σ_y		−0.81	0、40	70.3
			1.26	20	70.3
	τ_{xy}		−0.513	30	98.2
			0.513	10	98.2

表 4-1(续)

名称		分布图	最大值	位置/m	
				X 轴	Y 轴
弯矩 /(MPa·m²)	M_x		−225.59	0、40	70.3
			231.73	20	70.3
	M_y		−54.14	0、40	70.3
			84.28	20	70.3
横向剪力 /(MPa·m)	Q_x		−37.78	30	70.3
			37.78	10	70.3
	Q_y		−9.26	20	98.2
			7.08	0、40	98.2

从表 4-1 中各应力和内力的分布图可知,在倾斜隔水关键层坐标(0,70.3 m)和(40 m, 70.3 m)的位置出现了最大值 $\sigma_x=-3.38$ MPa 和 $\sigma_y=-0.81$ MPa 的拉应力,相应的弯矩 $M_x=-225.59$ MPa·m² 和 $M_y=231.73$ MPa·m²;在(20 m,70.3 m)的位置出现了最大值 $\sigma_x=3.48$ MPa 和 $\sigma_y=1.26$ MPa 的压应力,相应的弯矩 $M_x=-54.14$ MPa·m² 和 $M_y=84.28$ MPa·m²;在(10 m,98.2 m)和(30 m,98.2 m)的位置出现了最大值 $\tau_{xy}=0.513$ MPa 和 $\tau_{xy}=-0.513$ MPa 的剪应力;在(10 m,70.3 m)和(30 m,70.3 m)的位置出现了最大值 $Q_x=37.78$ MPa·m 和 $Q_x=-37.78$ MPa·m 的横向剪力;在(0,98.2 m)、(20 m,98.2 m) 和(40 m,98.2 m)的位置出现了最大值 $Q_y=7.08$ MPa·m、$Q_y=-9.26$ MPa·m 和 $Q_y=7.08$ MPa·m 的横向剪力。

倾斜隔水关键层应力和内力的分布规律表明,隔水关键层在其下部承压含水层水压的作用下在突水之前会产生逆着 Z 轴向上的弯曲,导致隔水关键层下板面($z=h_k/2$)的中部区域受压而可能出现压破坏,边界区域受拉而出现拉破坏,如图 4-8(a)所示(隔水关键层上板面 $z=-h_k/2$ 的破坏情况则恰好相反)。底板倾斜隔水关键层下板面($z=h_k/2$)的应力 σ_x、σ_y 和弯矩 M_x、M_y 的分布特征表明,在倾斜隔水关键层的长边坐标为(0,70.3 m)

和(40 m,70.3 m)的位置拉应力最大,相应的弯矩也最大;在倾斜隔水关键层的中部(20 m,70.3 m)的位置压应力最大,相应的弯矩也最大,如图 4-8(a)所示。底板倾斜隔水关键层所受的拉应力和压应力在数值上相当(方向相反),且岩石抗压不抗拉,因此,在倾斜隔水关键层下板面的长边坐标为(0,70.3 m)和(40 m,70.3 m)的位置容易率先出现拉破坏而导致隔水关键层其余位置失稳破坏。同时,从底板倾斜隔水关键层横向剪力 Q_x、Q_y 的分布特征可知,在倾斜隔水关键层坐标为(10 m,70.3 m)和(30 m,70.3 m)的位置出现了较大的横向剪力 Q_x,在坐标为(0,98.2 m)、(20 m,98.2 m)和(40 m,98.2 m)的位置出现了较大的横向剪力 Q_y,在数值上尤以在(10 m,70.3 m)和(30 m,70.3 m)位置的横向剪力 Q_x 最大,如图 4-8(b)所示。

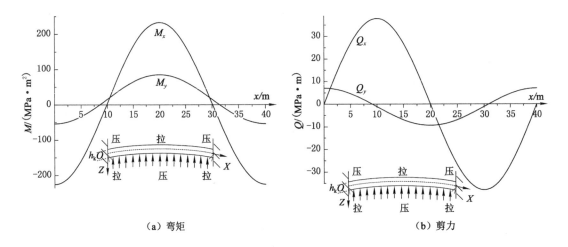

（a）弯矩　　　　　　　　　　　（b）剪力

图 4-8　隔水关键层沿 X 轴方向的最大弯矩和横向剪力

4.3　倾斜煤层底板隔水关键层失稳力学判据

上面分析了采场底板倾斜隔水关键层向上弯曲时的应力 σ_x、σ_y、τ_{xy} 和内力 M_x、M_y、Q_x、Q_y 的分布规律,而倾斜隔水关键层出现破坏失稳是由于作用的应力达到或超过其强度极限。因此,为了获得倾斜隔水关键层所能承受的极限强度,揭示其破坏机理,下面分别基于拉伸破坏机理和剪切破坏机理对采场底板倾斜隔水关键层的稳定性进行研究。

将式(4-9)中应力分量 σ_x、σ_y、τ_{xy} 代入主应力求解计算公式,得采场底板倾斜隔水关键层上任意一点的主应力表达式

$$\begin{cases} \sigma_1 = \dfrac{\sigma_x + \sigma_y}{2} + \sqrt{\left(\dfrac{\sigma_x - \sigma_y}{2}\right)^2 + (\tau_{xy})^2} = B_1 + B_2 \\ \sigma_3 = \dfrac{\sigma_x + \sigma_y}{2} - \sqrt{\left(\dfrac{\sigma_x - \sigma_y}{2}\right)^2 + (\tau_{xy})^2} = B_1 - B_2 \end{cases} \tag{4-12}$$

式中,

$$B_1 = \frac{E_k z A}{1 - \mu_k}\left[\frac{\pi^2}{a^2} y \cos\left(\frac{2\pi x}{a}\right)\sin^2\left(\frac{\pi y}{b}\right) + \frac{\pi}{b}\sin^2\left(\frac{\pi x}{a}\right)\sin\left(\frac{2\pi y}{b}\right) + \frac{\pi^2}{b^2} y \sin^2\left(\frac{\pi x}{a}\right)\cos\left(\frac{2\pi y}{b}\right)\right]$$

$$B_2 = \frac{E_k z |A|}{1+\mu_k}\sqrt{C_1^2 + C_2^2}$$

其中，

$$C_1 = \frac{\pi^2}{a^2} y\cos\left(\frac{2\pi x}{a}\right)\sin^2\left(\frac{\pi y}{b}\right) - \frac{\pi}{b}\sin^2\left(\frac{\pi x}{a}\right)\sin\left(\frac{2\pi y}{b}\right) - \frac{\pi^2}{b^2}y\sin^2\left(\frac{\pi x}{a}\right)\cos\left(\frac{2\pi y}{b}\right)$$

$$C_2 = \frac{\pi}{a}\sin\left(\frac{2\pi x}{a}\right)\sin^2\left(\frac{\pi y}{b}\right) + \frac{\pi^2}{ab}y\sin\left(\frac{2\pi x}{a}\right)\sin\left(\frac{2\pi y}{b}\right)$$

4.3.1 基于拉伸破坏机理的失稳判据

当采场底板倾斜隔水关键层在多向应力作用下因拉伸而发生屈服破坏时，服从 Griffith 屈服准则，即当主应力 $\sigma_1 + 3\sigma_3 \geqslant 0$ 时，采场底板倾斜隔水关键层上某点产生屈服破坏时满足式(4-13)的强度屈服准则；当主应力 $\sigma_1 + 3\sigma_3 < 0$ 时，采场底板倾斜隔水关键层上某点产生屈服破坏时满足式(4-14)的强度屈服准则：

$$(\sigma_1 - \sigma_3)^2 - 8R_t(\sigma_1 + \sigma_3) = 0, \sigma_1 + 3\sigma_3 \geqslant 0 \tag{4-13}$$

$$\sigma_3 = -R_t, \sigma_1 + 3\sigma_3 < 0 \tag{4-14}$$

式中，R_t 为隔水关键层的单轴抗拉强度。

在采场底板倾斜隔水关键层参数取值同上的情况下，应力 $\sigma_1 + 3\sigma_3$ 的分布规律如图 4-9 所示。从图 4-9 可以看出，在采场底板倾斜隔水关键下板面 $z = h_k/2$ 中部附近区域的应力满足 $\sigma_1 + 3\sigma_3 \geqslant 0$（这主要由于隔水关键的下板面在该区域受到压应力的作用，使得 $\sigma_1 + 3\sigma_3 \geqslant 0$），且应力 $\sigma_1 + 3\sigma_3$ 在坐标(20 m,70.3 m)的位置达到 7.27 MPa 的最大值，这意味着采动应力在达到岩体的破坏强度极限过程中，在坐标(20 m,70.3 m)位置的 $\sigma_1 + 3\sigma_3$ 最先满足 $\sigma_1 + 3\sigma_3 \geqslant 0$ 的关系；而在采场底板倾斜隔水关键层下板面 $z = h_k/2$ 的边界附近区域的应力满足 $\sigma_1 + 3\sigma_3 < 0$（这主要由于隔水关键的下板面在该区域受到拉应力的作用，使得 $\sigma_1 + 3\sigma_3 < 0$），且应力 $\sigma_1 + 3\sigma_3$ 在长边坐标(0,70.3 m)和(40 m,70.3 m)的位置达到 -10.96 MPa 的最小值，这意味着采动应力在达到岩体的破坏强度极限过程中，在坐标(0,70.3 m)和(40 m,70.3 m)位置的 $\sigma_1 + 3\sigma_3$ 最先满足 $\sigma_1 + 3\sigma_3 < 0$ 的关系。由于岩石抗压不抗拉，且在长边(0,70.3 m)和(40 m,70.3 m)位置的拉应力值(-10.96 MPa)大于在(20 m,70.3 m)位置的压应力值(7.27 MPa)，因此，当满足一定的应力条件时，采场底板倾斜隔水关键层最有可能率先在其长边(0,70.3 m)和(40 m,70.3 m)的位置因受拉而产生屈服破坏。令

$$f(x,y) = -\frac{\sigma_3}{R_t}, \sigma_1 + 3\sigma_3 < 0 \tag{4-15}$$

将采场底板倾斜隔水关键层长边位置的坐标(0,70.3 m)和(40 m,70.3 m)归一化为 $(0,1.84b/\pi)$ 和 $(a,1.84b/\pi)$，并代入式(4-15)，得

$$f(x,y) = \frac{-1.84\pi b^2 \sin^2(1.84)E_k h_k\left[(\gamma_0 h_0 + \gamma_1 h_1 + \gamma_2 h_{21} + \gamma_k h_k)\cos\beta - p_0 - \left(\frac{2}{3} - \frac{1}{\pi^2}\right)\rho g b\sin\beta\right]}{(1-\mu_k^2)a^2 R_t\left\{D_1 - \frac{3b(\gamma_0 h_0 + \gamma_1 h_1 + \gamma_2 h_{21} + \gamma_k h_k)\sin\beta}{8}\left(\pi^2 - \frac{9}{4}\right)\right\}}$$

$$\tag{4-16}$$

其中，

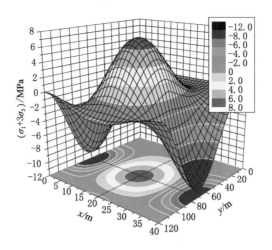

图 4-9　应力 $\sigma_1 + 3\sigma_3$ 的分布规律

$$D_1 = \frac{E_k h_k^3}{6(1-\mu_k^2)}\left[\left(\frac{\pi}{a}\right)^4 b^2\left(1-\frac{15}{8\pi^2}\right)+\left(\frac{\pi}{b}\right)^2\left(\pi^2+\frac{15}{8}\right)+\left(\frac{\pi}{a}\right)^2\left(\frac{2}{3}\pi^2-\frac{1}{4}\right)\right]$$

式(4-16)即基于拉伸破坏机理的采场底板倾斜隔水关键层失稳力学判据表达式。取式(4-16)的临界状态,令函数 $f(x,y)=1$,得

$$p_t = \frac{(1-\mu_k^2)a^2 R_t}{1.84\pi b^2\sin^2(1.84)E_k h_k}\left\{\frac{E_k h_k^3}{6(1-\mu_k^2)}\left[\left(\frac{\pi}{a}\right)^4 b^2\left(1-\frac{15}{8\pi^2}\right)+\left(\frac{\pi}{b}\right)^2\left(\pi^2+\frac{15}{8}\right)+\right.\right.$$

$$\left(\frac{\pi}{a}\right)^2\left(\frac{2}{3}\pi^2-\frac{1}{4}\right)\right]-\frac{3b(\gamma_0 h_0+\gamma_1 h_1+\gamma_2 h_{21}+\gamma_k h_k)\sin\beta}{8}\left(\pi^2-\frac{9}{4}\right)\Bigg\}+$$

$$(\gamma_0 h_0+\gamma_1 h_1+\gamma_2 h_{21}+\gamma_k h_k)\cos\beta-\left(\frac{2}{3}-\frac{1}{\pi^2}\right)\rho g b\sin\beta \qquad (4\text{-}17)$$

式(4-17)即基于拉伸破坏机理推导的采场底板倾斜隔水关键层所能承受的最大(工作面上端头处)底板承压含水层水压 p_t 的表达式。在采动应力和承压水压力共同作用下,当倾斜隔水关键层所能承受的最大水压 p_t 大于煤层底板承压含水层水压 p_0 时,采场底板倾斜隔水关键层处于稳定状态,不会发生底板突水;当倾斜隔水关键层所能承受的最大水压 p_t 等于煤层底板承压含水层水压 p_0 时,采场底板倾斜隔水关键层处于临界稳定状态,将要发生底板突水。

4.3.2　基于剪切破坏机理的失稳判据

当采场底板倾斜隔水关键层在多向应力作用下因剪切而发生屈服破坏时,其服从 Mohr-Coulomb 屈服准则,即采场底板倾斜隔水关键层上某点产生剪切屈服破坏时满足

$$\sigma_1 - K\sigma_3 = R_c \qquad (4\text{-}18)$$

式中,$K=(1+\sin\varphi)/(1-\sin\varphi)$,$\varphi$ 为隔水关键层的内摩擦角;R_c 为隔水关键层的单轴抗压强度,$R_c=2C\cos\varphi/(1-\sin\varphi)$,$C$ 为隔水关键层的内聚力。令

$$g(x,y) = \frac{\sigma_1 - K\sigma_3}{R_c} \qquad (4\text{-}19)$$

利用函数 $g(x,y)$ 的比值,就可以判断采场底板倾斜隔水关键层上某点是否产生屈服破

坏,预测倾斜煤层底板隔水关键层的稳定性。将式(4-12)代入式(4-19),则 $g(x,y)$ 可以表示为

$$g(x,y) = \frac{E_k h_k}{2R_c} \left\{ \frac{(1-K)A}{1-\mu_k} \left[\frac{\pi^2}{a^2} y\cos\left(\frac{2\pi x}{a}\right)\sin^2\left(\frac{\pi y}{b}\right) + \frac{\pi}{b}\sin^2\left(\frac{\pi x}{a}\right)\sin\left(\frac{2\pi y}{b}\right) + \frac{\pi^2}{b^2} y\sin^2\left(\frac{\pi x}{a}\right)\cos\left(\frac{2\pi y}{b}\right) \right] + \frac{(1+K)\,|A|}{1+\mu_k}\sqrt{C_1^2+C_2^2} \right\}$$

$$(4\text{-}20)$$

其中,

$$C_1 = \frac{\pi^2}{a^2} y\cos\left(\frac{2\pi x}{a}\right)\sin^2\left(\frac{\pi y}{b}\right) - \frac{\pi}{b}\sin^2\left(\frac{\pi x}{a}\right)\sin\left(\frac{2\pi y}{b}\right) - \frac{\pi^2}{b^2} y\sin^2\left(\frac{\pi x}{a}\right)\cos\left(\frac{2\pi y}{b}\right)$$

$$C_2 = \frac{\pi}{a}\sin\left(\frac{2\pi x}{a}\right)\sin^2\left(\frac{\pi y}{b}\right) + \frac{\pi^2}{ab} y\sin\left(\frac{2\pi x}{a}\right)\sin\left(\frac{2\pi y}{b}\right)$$

工作面没有回采之前,煤层底板倾斜岩层处于应力平衡状态;工作面回采时,采场底板倾斜岩层受力状态发生变化,当采场底板倾斜隔水关键层在采动应力和底板承压水压力作用下向上发生弯曲变形时(逆着 Z 轴正方向,此时挠度 $w<0$,挠度系数 $A<0$),必有 $[p_0+(2/3-1/\pi^2)\rho gb\sin\beta]>[\gamma_0 h_0+\gamma_1 h_1+\gamma_2 h_{21}+\gamma_k h_k]\cos\beta$,此时才可能诱发工作面底板突水,这也是发生底板突水的必要条件。通过绘制开采过程中函数 $g(x,y)$ 的等值线图,就可以判断采场底板倾斜隔水关键层上哪个位置(哪一点)的 $(\sigma_1-K\sigma_3)/R_c$ 最大,即最先产生屈服破坏而可能发生破坏失稳的危险位置。

目前,我国开采倾角 50°以内的煤层时,工作面多布置为走向长壁综采,采用全部垮落法管理采场顶板,采场地质条件及开采设计参数范围如表 4-2 所示。综采工作面倾斜长度多在 80~200 m 范围内,实测采场顶板初次来压步距主要集中在 30~60 m 范围内,煤层底板承压含水层水压多在 0~5 MPa 范围内。工作面回采后形成的底板采动破坏深度多在 5~25 m 范围内,煤层底板钻孔地质资料表明底板承压水导升高度多在 0~15 m 范围内。开采经验表明,当煤层底板保护层带内存在着厚度大于 12 m 且承载能力较高的坚硬岩层时,工作面回采过程中其可以阻隔底板承压水的突出;当煤层底板保护层带内不存在隔水关键层或煤层底板保护层带岩层厚度小于 6 m 时,其阻隔承压水性能较差,多发生底板突水。因此,需要重点研究厚度 6~12 m 范围内的底板隔水关键层的稳定性及阻隔水性能,从而预测倾斜煤层底板突水。

表 4-2 综采采场地质条件及开采设计参数范围

参数	符号	参数范围
采场初次(或 1~2 个周期)来压步距/m	a	30~60
工作面倾斜长度/m	b	80~200
覆岩垮落高度/m	h_0	0~10
底板采动导水破坏带深度/m	h_1	5~25
保护带岩层厚度/m	h_2	0~30
承压水导升高度/m	h_3	0~15
隔水关键层厚度/m	h_k	6~12
隔水关键层上方保护带岩层厚度/m	h_{21}	0~20
隔水关键层倾角/(°)	β	0~45

表 4-2(续)

参数	符号	参数范围
底板承压含水层水压/MPa	p_0	$0 \sim 5$
采场顶底板岩层重度/(kN/m³)	γ_0，γ_1，γ_2，γ_k	$5 \sim 35$
隔水关键层单轴抗压强度/MPa	R_c	$20 \sim 180$
隔水关键层单轴抗拉强度/MPa	R_t	$2 \sim 18$
隔水关键层弹性模量/GPa	E_k	$10 \sim 40$
隔水关键层内聚力/MPa	C	$5 \sim 45$
隔水关键层内摩擦角/(°)	φ	$10 \sim 50$
隔水关键层泊松比	μ_k	$0.1 \sim 0.3$
隔水关键层密度/(kg/m³)	ρ	10^3
重力加速度/(m/s²)	g	10

在综采采场地质条件及开采设计参数范围内(表 4-2)选取 a、b、h_k、β、E_k 5 个主要影响因子，将其平分为 4 个水平，采用 $L_{16}(4^5)$ 正交设计(设计 16 组参数方案，如表 4-3 所示)，利用式(4-20)绘制开采过程中函数 $g(x,y)$ 的等值线图，如图 4-10 所示(其余参数值如表 4-4 所示)。从图 4-10 可以看出，对于所有正交设计的函数 $g(x,y)$ 的等值线图，函数 $g(x,y)$ 的最大值均出现在采场底板倾斜隔水关键层斜边中点偏下的位置(表 4-3)，表明采场底板倾斜隔水关键层长边中点偏下的位置最有可能率先满足 Mohr-Coulomb 屈服准则而发生剪切屈服破坏。因此，此位置即最先产生屈服破坏而可能发生破坏失稳的危险位置。

表 4-3　函数 $g(x,y)$ 的参数值及其分布函数与相应的最大值和位置

方案	$L_{16}(4^5)$正交设计函数 $g(x,y)$参数					函数 $g(x,y)$分布	最大值	最大值位置/m	归一化坐标/m
	a/m	b/m	h_k/m	β/(°)	E_k/GPa				
1	30	80	6	0	10	图 4-10(a)	1.870	$(0,46.9)$	$(0,1.84b/\pi)$
								$(30,46.9)$	$(a,1.84b/\pi)$
2	30	120	8	15	20	图 4-10(b)	1.202	$(0,70.3)$	$(0,1.84b/\pi)$
								$(30,70.3)$	$(a,1.84b/\pi)$
3	30	160	10	30	30	图 4-10(c)	0.879	$(0,93.7)$	$(0,1.84b/\pi)$
								$(30,93.7)$	$(a,1.84b/\pi)$
4	30	200	12	45	40	图 4-10(d)	0.709	$(0,117.2)$	$(0,1.84b/\pi)$
								$(30,117.2)$	$(a,1.84b/\pi)$
5	40	80	8	30	40	图 4-10(e)	1.838	$(0,46.9)$	$(0,1.84b/\pi)$
								$(40,46.9)$	$(a,1.84b/\pi)$
6	40	120	6	45	30	图 4-10(f)	4.382	$(0,70.3)$	$(0,1.84b/\pi)$
								$(40,70.3)$	$(a,1.84b/\pi)$

表 4-3(续)

方案	$L_{16}(4^5)$ 正交设计函数 $g(x,y)$ 参数					函数 $g(x,y)$ 分布	最大值	最大值位置/m	归一化坐标/m
	a/m	b/m	h_k/m	β/(°)	E_k/GPa				
7	40	160	12	0	20	图 4-10(g)	0.841	(0,93.7)	$(0,1.84b/\pi)$
								(40,93.7)	$(a,1.84b/\pi)$
8	40	200	10	15	10	图 4-10(h)	1.427	(0,117.2)	$(0,1.84b/\pi)$
								(40,117.2)	$(a,1.84b/\pi)$
9	50	80	10	45	20	图 4-10(i)	1.652	(0,46.9)	$(0,1.84b/\pi)$
								(50,46.9)	$(a,1.84b/\pi)$
10	50	120	12	30	10	图 4-10(j)	1.401	(0,70.3)	$(0,1.84b/\pi)$
								(50,70.3)	$(a,1.84b/\pi)$
11	50	160	6	15	40	图 4-10(k)	5.972	(0,93.7)	$(0,1.84b/\pi)$
								(50,93.7)	$(a,1.84b/\pi)$
12	50	200	8	0	30	图 4-10(l)	3.091	(0,117.2)	$(0,1.84b/\pi)$
								(50,117.2)	$(a,1.84b/\pi)$
13	60	80	12	15	30	图 4-10(m)	1.110	(0,46.9)	$(0,1.84b/\pi)$
								(60,46.9)	$(a,1.84b/\pi)$
14	60	120	10	0	40	图 4-10(n)	2.279	(0,70.3)	$(0,1.84b/\pi)$
								(60,70.3)	$(a,1.84b/\pi)$
15	60	160	8	45	10	图 4-10(o)	5.579	(0,93.7)	$(0,1.84b/\pi)$
								(60,93.7)	$(a,1.84b/\pi)$
16	60	200	6	30	20	图 4-10(p)	9.924	(0,117.2)	$(0,1.84b/\pi)$
								(60,117.2)	$(a,1.84b/\pi)$

表 4-4 其他计算参数值

h_0/m	h_1/m	h_{21}/m	γ_0/(kN/m³)	γ_1/(kN/m³)	γ_2/(kN/m³)	γ_k/(kN/m³)	μ_k	φ/(°)	C/MPa	p_0/MPa
3	17	10	22	23	24	28	0.24	46	15	3.5

将最先发生屈服破坏的危险位置坐标归一化为 $(0,1.84b/\pi)$ 和 $(a,1.84b/\pi)$，如表 4-3 所示，代入式(4-20)，得

$$g(x,y) = \frac{1.84\pi b^2 h_k E_k \sin^2(1.84)\left(\dfrac{K-1}{1-\mu_k} + \dfrac{K+1}{1+\mu_k}\right)\left[p_0 + \left(\dfrac{2}{3} - \dfrac{1}{\pi^2}\right)gb\sin\beta - (\gamma_0 h_0 + \gamma_1 h_1 + \gamma_2 h_{21} + \gamma_k h_k)\cos\beta\right]}{2a^2 R_c\left\{D_1 - \dfrac{3b(\gamma_0 h_0 + \gamma_1 h_1 + \gamma_2 h_{21} + \gamma_k h_k)\sin\beta}{8}\left(\pi^2 - \dfrac{9}{4}\right)\right\}}$$

(4-21)

其中，$D_1 = \dfrac{E_k h_k^3}{6(1-\mu_k^2)}\left[\left(\dfrac{\pi}{a}\right)^4 b^2\left(1 - \dfrac{15}{8\pi^2}\right) + \left(\dfrac{\pi}{b}\right)^2\left(\pi^2 + \dfrac{15}{8}\right) + \left(\dfrac{\pi}{a}\right)^2\left(\dfrac{2}{3}\pi^2 - \dfrac{1}{4}\right)\right]$

式(4-21)即基于剪切破坏机理推导的采场底板倾斜隔水关键层失稳力学判据表达式。当 $g(x,y) > 1$ 时，采场底板倾斜隔水关键层处于失稳状态，发生底板突水；当 $g(x,y) = 1$

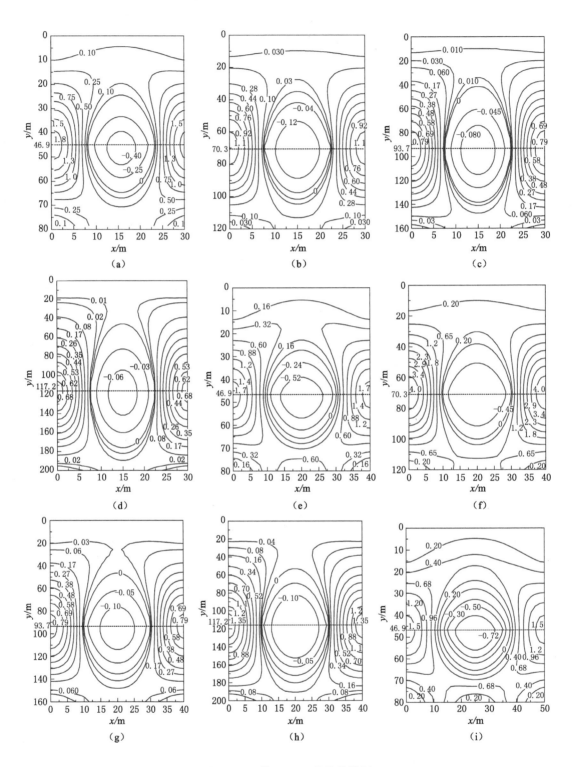

图 4-10　函数 $g(x,y)$ 的等值线图

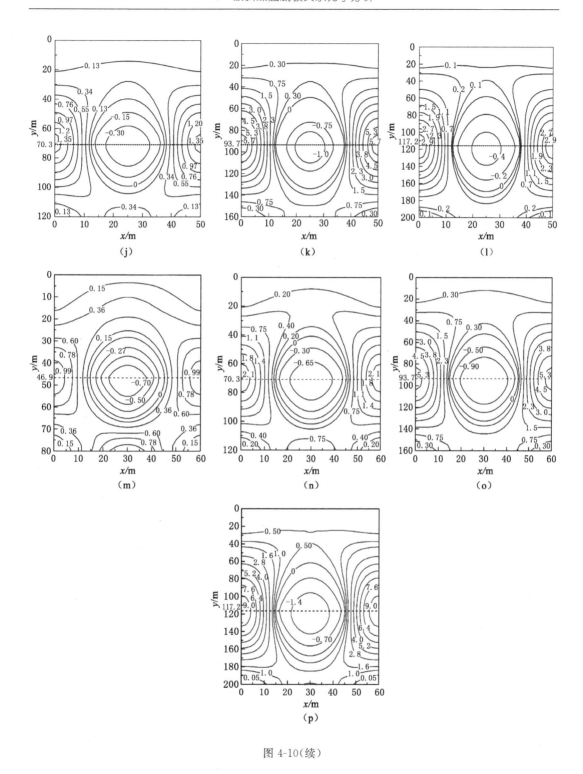

图 4-10(续)

时,采场底板倾斜隔水关键层处于临界失稳状态,将要发生底板突水。令函数 $g(x,y)=1$,并进一步化简式(4-21),得

$$p_s = \frac{a^2 C(1-\mu_k^2)\cos\varphi}{0.92\pi h_k E_k b^2(1-\sin\varphi)(K-\mu_k)\sin^2(1.84)}\left\{\frac{E_k h_k^3}{6(1-\mu_k^2)}\left[\left(\frac{\pi}{a}\right)^4 b^2\left(1-\frac{15}{8\pi^2}\right)+\right.\right.$$

$$\left.\left(\frac{\pi}{b}\right)^2\left(\pi^2+\frac{15}{8}\right)+\left(\frac{\pi}{a}\right)^2\left(\frac{2}{3}\pi^2-\frac{1}{4}\right)\right]-\frac{3b(\gamma_0 h_0+\gamma_1 h_1+\gamma_2 h_{21}+\gamma_k h_k)\sin\beta}{8}\left(\pi^2-\frac{9}{4}\right)\right\}+$$

$$(\gamma_0 h_0+\gamma_1 h_1+\gamma_2 h_{21}+\gamma_k h_k)\cos\beta-\left(\frac{2}{3}-\frac{1}{\pi^2}\right)\rho g b\sin\beta \tag{4-22}$$

式(4-22)即基于剪切破坏机理推导的采场底板倾斜隔水关键层所能承受的最大(工作面上端头处)底板承压含水层水压 p_s 的表达式。在采动矿压和承压水水压共同作用下,当隔水关键层所能承受的最大水压 p_s 大于煤层底板承压含水层水压 p_0 时,采场底板倾斜隔水关键层处于稳定状态,不会发生底板突水事故;当隔水关键层所能承受的最大水压 p_s 等于煤层底板承压含水层水压 p_0 时,采场底板倾斜隔水关键层处于临界稳定状态,将要发生底板突水事故。

4.4 工程应用

4.4.1 应用方法

（1）借助倾斜煤层底板多个钻孔地质资料及室内岩石力学试验成果,确定煤层底板各岩层的厚度、强度、相应层位及底板承压含水层的水压分布及大小,即确定倾斜煤层底板岩层及含水层参数（h、h_3、β、p_0、γ_0、γ_1、γ_2、ρ）。

（2）利用隔水关键层理论中(结构)关键层判别方法就可以判断底板哪一层岩层为结构关键层(隔水关键层),从而确定具体地质条件下底板结构关键层的岩性、厚度、密度、强度(抗压、抗拉、抗剪强度)等参数（h_k、γ_k、E_k、R_c、R_t、C、φ、μ_k）。

（3）依据相邻工作面的地质条件及开采参数,确定 a、h_0、h_1、h_2、h_{21} 和 h_{22}；应用式(4-17)和式(4-22),研究确定不同的工作面推进距离、倾斜长度条件下其极限承载水压能力 p_t 和 p_s；最后确定合理的开采参数,实现承压水上倾斜煤层安全带压开采。

（4）依据工作面开采尺寸 a、b 的值,就可以计算出采场底板倾斜隔水关键层所能承受的最大底板承压含水层水压 $p_t(p_s)$ 的值。当 $p_t(p_s)=p_0$ 时,采场底板倾斜隔水关键层处于临界稳定状态；当 $p_t(p_s)>P_0$ 时,采场底板倾斜隔水关键层处于稳定状态,不会发生底板突水。

4.4.2 突水预测

利用微震监测技术,对淮北矿业集团有限责任公司桃园煤矿1066倾斜煤层工作面底板采动破坏特征进行了连续微震监测。通过对底板采动导水破坏带动态演化规律的监测,采用底板预注浆加固技术,实现了承压水上倾斜煤层工作面的安全带压开采。下面采用上述推导的底板倾斜隔水关键层失稳力学判据对其相邻下区段工作面底板隔水关键层的稳定性进行分析,以预测其底板突水的可能性。相邻区段倾斜煤层工作面上端头处煤层埋深为560 m,煤层平均倾角为30°,工作面倾向长度为120 m；工作面底板距离承压含水层约52 m,工作面上端头处底板承压含水层水压约高达3.5 MPa；相邻工作面回采资料表明,工作面初次来压步距约40 m,采空区垮落的顶板岩层平均高度约为3 m；底板采动导水破坏带深度约为 17 m,承压水导升带高度约为 10 m,距煤层底板 27 m 处有一层厚度约为 12 m 的砂岩层(其上下均为砂质泥岩),实验室测得其平均单轴抗压强度约为 74.2 MPa,平均单轴抗拉强度约为 12.2 MPa。

于是有 $a=40$ m, $b=120$ m, $h_0=3$ m, $h_1=17$ m, $h_2=25$ m, $h_{21}=10$ m, $h_k=12$ m, $h_{22}=3$ m, $\beta=30°$, $p_0=3.5$ MPa, $\gamma_0=22$ kN/m³, $\gamma_1=\gamma_2=23$ kN/m³, $\gamma_k=28$ kN/m³, $E_k=32$ GPa, $R_c=74.25$ MPa, $R_t=12.2$ MPa, $C=15$ MPa, $\varphi=46°$, $\mu_k=0.24$, $\rho=10^3$ kg/m³, $g=10$ m/s²。代入式(4-17)和式(4-22),可以计算出基于拉伸和剪切两种破坏机理的采场底板倾斜隔水关键层所能承受的最大底板含水层水压,分别为 $p_t=3.52$ MPa 和 $p_s=3.62$ MPa。两种破坏机理下的计算结果均大于工作面上端头处底板承压含水层的水压 $p_0=3.5$ MPa,表明工作面底板倾斜隔水关键层能维持稳定状态,不会发生工作面底板突水事故。但在采掘扰动下,底板采动破坏深度会进一步增大,且底板倾斜隔水关键层所能承受的最大水压值只略大于工作面底板承压含水层的水压值。因此,应加强防范,对工作面底板断层构造区进行预注浆加固,防范底板突水的可能性,确保工作面的安全带压开采。

4.5 本章小结

基于承压水上倾斜煤层底板岩层所受载荷的非对称特征,在考虑沿煤层倾斜方向存在一定水压梯度的情况下,依据隔水关键层理论,建立了线性增加水压力作用下的倾斜煤层底板隔水关键层力学模型,主要包括:

(1) 选取了线性增加水压力作用下的采场底板倾斜隔水关键层的挠度函数,并确定了其最大挠曲位置,分析了上覆岩层载荷、承压含水层水压、隔水关键层厚度、隔水关键层倾角对底板倾斜隔水关键层变形特性的影响规律。

(2) 倾斜隔水关键层最大挠度随其倾角的增大而减小,且变化比较明显;最大挠曲点偏离工作面中部的程度随其倾角的变化并不敏感,但仍随倾角的增大偏离工作面的中部向下移动。

(3) 采用弹性薄板理论,分析了底板倾斜隔水关键层的应力、内力分布规律,在倾斜隔水关键层的边界区域出现了拉应力,在中心偏下区域出现了压应力,而剪应力则呈现分区域集中分布特征,这意味着倾斜隔水关键层的应力分布具有明显的非对称特征,不同于水平隔水关键层的应力分布规律。

(4) 采用 Griffith 和 Mohr-Coulomb 两种屈服准则,在判断出底板倾斜隔水关键层上最可能发生屈服破坏位置的基础上,分别推导了基于拉伸和剪切破坏机理的采场底板倾斜隔水关键层的失稳力学判据,并给出了采场底板倾斜隔水关键层所能承受的最大极限水压表达式。

(5) 给出了确定采场底板倾斜隔水关键层所能承受的最大极限水压的工程应用方法,并应用于淮北矿业集团有限责任公司桃园煤矿 1066 倾斜煤层工作面相邻采场底板的突水预测;通过对底板断层构造区实施预注浆加固措施,以期实现承压水上倾斜煤层的安全带压开采。

5　倾斜煤层底板突水数值分析

采用数值模拟方法,以具体的承压水上倾斜煤层走向长壁开采为研究对象,建立承压水上倾斜煤层开采三维流固耦合数值计算模型,依据工作面推进过程中的底板垂直应力云图、等效应力云图、塑性区云图、渗流孔隙压力云图及渗流矢量分布云图,分析承压水上倾斜煤层开采沿煤层倾斜方向工作面底板岩层的流固耦合破坏特征与承压渗透特性,包括工作面底板采动破坏深度、承压水导升高度及倾斜煤层工作面底板易于突水的位置,从而划分工作面底板突水危险区域,为承压水上倾斜煤层底板突水预测及防治提供理论依据[88]。

5.1　流固耦合方程与建模原则

5.1.1　应力场与渗流场的相互影响

目前,在对承压水上煤层底板岩体变形破坏及突水机理进行研究时,一般忽略底板承压水载荷所引起的渗流场对底板岩体应力场的影响,而以静水压力和扬压力的形式表示底板承压水的载荷。实际上,在任何透水介质中,一定的水压载荷分布形式对应一定的渗流场分布形式,而渗流场分布的变化会引起水压载荷分布形式的变化。所以,渗流场对应力场的影响是通过改变煤层底板岩体的体积应变而改变应力场分布的。另外,煤层底板岩体孔隙压力的变化又能引起有效应力的变化,有效应力的变化将显著地改变裂隙的张开度、流速和流体压力在裂隙中的分布形式。

自 1968 年 D. T. Snow[89-90]通过试验发现平行裂隙中渗透系数的立方定律以后,人们对裂隙流的认识从多孔介质流中转变过来,大量学者提出了描述岩体渗透系数随岩体应力变化的经验公式,并给出了裂隙中渗透系数的表达式

$$K = K_0 + a \left(\frac{\rho g b^2}{4 \eta S} \right) \frac{p - p_0}{K_n} \tag{5-1}$$

式中,K 为渗透系数;K_0 为初始应力作用下的渗透系数;p 为裂隙水压力;p_0 为初始裂隙水压力;ρ 为水的密度;g 为重力加速度;η 为水的黏滞系数;S 为岩体裂隙平均宽度;K_n 为岩体裂隙法向刚度;a,b 为系数。

1972 年,C. Louis[91]根据钻孔抽水试验,得到裂隙中水的渗透系数和法向地应力服从指数的关系

$$K = K_0 e^{-a(\gamma H - p)} \tag{5-2}$$

式中,K 为渗透系数;K_0 为地表渗透系数;p 为裂隙水压力;γH 为覆岩重力;α 为系数。

此后,M. Bai 等[92]在考虑岩体中裂隙与岩石的弹性变形特性后,得到了裂隙岩体渗透系数与应变的关系

$$\Delta K = \frac{\rho g b^3}{12 S \eta}\left[1 + \Delta\varepsilon\left(\frac{b K_{\mathrm{n}}}{E} + \frac{b}{S}\right)^{-1}\right]^3 \tag{5-3}$$

式中，ΔK 为裂隙岩体渗透系数；K_{n} 为裂隙岩体法向刚度；E 为岩石的弹性模量；S 为岩体裂隙平均宽度；$\Delta\varepsilon$ 为垂直于岩体裂纹组的应变；η 为水的黏滞系数；b 为岩体裂隙平均间距；ρ 为水的密度；g 为重力加速度。

岩体应力场发生的变化，将使岩体裂隙宽度发生变化，进而使岩体的渗透系数发生变化。因此，裂隙岩体中的渗透系数可以由应力场来表示。通过对上述公式的分析可以得出，岩体应力场通过影响岩体体积应变进而影响裂隙岩体的渗透系数，从而最终影响裂隙岩体的渗流场。同时，渗流场通过影响岩体的体积应变进而影响岩体应力场的分布，这就是岩体中应力场与渗流场的相互作用机理。

5.1.2　FLAC³ᴰ 流固耦合方程

FLAC³ᴰ 在使用有限差分法进行流固耦合计算分析时，将使用如下方程[83-85]：

（1）平衡方程

对于小应变（变形）而言，其流体质点的平衡方程为

$$-q_{i,j} + q_{\mathrm{v}} = \frac{\partial\xi}{\partial t} \tag{5-4}$$

式中，$q_{i,j}$ 为流体渗流速度，m/s；q_{v} 为单位被测体积流体源强度，1/s；ξ 为单位体积孔隙介质的流体体积变化量，且

$$\frac{\partial\xi}{\partial t} = \frac{1}{M}\frac{\partial p}{\partial t} + \alpha\frac{\partial\varepsilon}{\partial t} - \beta\frac{\partial T}{\partial t} \tag{5-5}$$

式中，p 为孔隙水压力；ε 为体积应变；M 为 Biot 模量，N/m²；α 为 Biot 系数；T 为温度，℃；β 为考虑流体和颗粒热膨胀的系数，1/℃。

将式（5-5）代入式（5-4），得

$$-q_{i,j} + q_{\mathrm{v}}^* = \frac{1}{M}\frac{\partial p}{\partial t} \tag{5-6}$$

式中，$q_{\mathrm{v}}^* = q_{\mathrm{v}} - \alpha\dfrac{\partial\varepsilon}{\partial t} + \beta\dfrac{\partial T}{\partial t}$。

（2）运动方程

用达西（Darcy）定律来描述流体的运动，对于均质、各向同性固体和流体而言，在视其密度为常数的情况下，式（5-6）可以具体表达为

$$q_i = -K[p - \rho_{\mathrm{f}} x_j g_i] \tag{5-7}$$

式中，K 为渗透系数；p 为孔隙水压力；ρ_{f} 为流体密度；x_j 为 j 方向的坐标；g_i 为重力加速度的分量。

（3）本构方程

体积应变的改变将引起流体孔隙压力的变化；反过来，孔隙压力的改变也将导致体积应变的变化。孔隙介质增量的本构方程表达式为

$$\Delta\sigma_{ij} + \alpha\Delta p\delta_{ij} = H_{ij}(\sigma_{ij}, \Delta\varepsilon_{ij}) \tag{5-8}$$

式中，$\Delta\sigma_{ij}$ 为应力增量；Δp 为孔隙压力增量；H_{ij} 为给定函数；$\Delta\varepsilon_{ij}$ 为应变增量；α 为系数。

（4）流体响应方程

流体储量会由于孔隙水压力 p、饱和度 s、体积应变 ε_{v} 的改变而发生变化。因此,孔隙水流动性的响应方程为

$$\frac{1}{M}\frac{\partial p}{\partial t} + \frac{n}{s}\frac{\partial s}{\partial t} = \frac{1}{s}\frac{\partial \xi}{\partial t} - \alpha\frac{\partial \varepsilon_{\mathrm{v}}}{\partial t} \tag{5-9}$$

当完全饱和时,有 $s=1$,其响应方程可以简化为

$$\frac{\partial p}{\partial t} = M\left(\frac{\partial \xi}{\partial t} - \alpha\frac{\partial \varepsilon_{\mathrm{v}}}{\partial t}\right) \tag{5-10}$$

式中,p 为孔隙水压力;M 为 Biot 模量,N/m^2;α 为 Biot 系数;ε_{v} 为体积应变;ξ 为单位体积孔隙介质的流体体积变化量。

（5）相容方程

应变率和速度梯度之间的关系为

$$\varepsilon_{ij} = \frac{1}{2}(v_{i,j} + v_{j,i}) \tag{5-11}$$

式中,v 为介质中某一点的速度,m/s。

（6）流体初始条件和边界条件

初始条件就是给定模型的初始压力和饱和度。一般认为有四种边界条件:① 固定孔隙水压力边界条件;② 给定边界外法线方向流速分量的边界条件;③ 透水边界条件;④ 不可透水边界条件。不可透水边界在 FLAC[3D] 程序中被默认,透水边界条件可以采用式（5-12）所示形式

$$q_{\mathrm{n}} = K(p - p_e) \tag{5-12}$$

式中,q_{n} 为边界外法线方向流速分量;K 为渗透系数;p 为边界处的孔隙水压力;p_e 为渗流出口处的孔隙水压力。

在 FLAC[3D] 计算中,利用虚功原理,运动方程对每个节点由应力及外力求节点的不平衡力,再由节点的不平衡力求节点的速率。本构方程对每个单元由节点速率求应变增量,由应变增量求应力增量及总应力。在流固耦合计算过程中,首先,从静力学平衡状态开始,水力耦合的模拟包含许多计算步骤,每一步骤都包含一步或更多步的流体计算,直到满足静力平衡方程为止。由于流体的流动,孔隙水压力的增量在流体循环步中要通过计算得到,其对体积应变的贡献值在结构循环步中也要通过计算得到。然后,体积应变作为一个区域值被分配到各个节点上。在有效应力的计算中,总应力增量是在结构循环中体积应变的改变和在流体循环中流量的改变,引起孔隙水压力的改变所导致的有效应力的变化。

FLAC[3D] 在模拟岩体流固耦合时,采用的是等效连续介质模型,将岩体视为多孔介质,即将岩体裂隙透水性平均到岩体中去,流体在岩体孔隙介质中的流动满足 Darcy 定律,同时满足 Biot 流固耦合方程,其表达式为[51]

$$\begin{cases} G\nabla^2 u_j - (G+\lambda)\dfrac{\partial \varepsilon_{\mathrm{v}}}{\partial x_j} - \dfrac{\partial p}{\partial x_j} + f_{xj} = 0 \\ K\nabla^2 p - \dfrac{1}{S'}\dfrac{\partial p}{\partial t} + \dfrac{\partial \varepsilon_{\mathrm{v}}}{\partial t} = 0 \end{cases} \tag{5-13}$$

式中,G 和 λ 为拉梅常数;ε_{v} 为体积应变;p 为孔隙水压力;x_j,u_j 和 f_{xj} 分别为 j 方向的坐标、位移和体积力;K 为渗透系数;S' 为储水系数;$\partial p/\partial x_j$ 项反映渗流场对固体骨架的影响,其本质是流体流动时产生的孔隙压力影响了固体骨架的有效应力,进而影响固体骨架的变形;

$\partial \varepsilon_v / \partial t$ 项反映了固体骨架的体积变形对渗流场的影响。可以看出,上述方程能很好地反映孔隙压力消散与固体骨架变形之间的相互影响。

煤层底板突水主要由于采动影响底板岩体,使其产生破坏裂隙,引起渗透性增强。已有研究表明,岩体在受力状态下其渗透系数并不是一个常数,而是随着应力-应变过程中岩体内部裂隙的发育而不断变化。但方程(5-13)中介质的渗透系数是不随介质应力场而改变的恒定量。若在FLAC³ᴰ流固耦合数值模拟时仍将岩体渗透系数作为定值考虑,那么显然与实际不符。

为反映介质的渗透性随介质应力场而改变的特性,选取 D. Elsworth 等[93]提出的渗透系数与应变的关系式,作为岩体介质流固耦合数值模拟中渗透系数的控制方程。

$$K = K_0 \times \left(\frac{1 + \Delta \varepsilon}{n} \right)^2 \tag{5-14}$$

式中,K_0 为岩体介质的初始渗透系数;$\Delta \varepsilon$ 为岩体介质的体积应变增量;n 为岩体介质的孔隙率。

将方程(5-14)代入方程(5-13),得方程(5-15)。

$$\begin{cases} G \nabla^2 u_j - (G + \lambda) \dfrac{\partial \varepsilon_v}{\partial x_j} - \dfrac{\partial p}{\partial x_j} + f_{xj} = 0 \\ K_0 \left(\dfrac{1 + \Delta \varepsilon}{n} \right)^2 \nabla^2 p - \dfrac{1}{S'} \dfrac{\partial p}{\partial t} + \dfrac{\partial \varepsilon_v}{\partial t} = 0 \end{cases} \tag{5-15}$$

利用 FISH 语言,通过编写程序将方程(5-15)嵌入 FLAC³ᴰ软件中,就可以实现煤层开采过程中底板岩体渗透性随岩体变形的同步变化,实现煤层底板突水的流固耦合模拟。

5.1.3 建模原则

数值模拟的可靠性基于模型建立的合理程度,合理的模型要以一定的原则为基础。为直观地分析采动应力和水压力耦合作用下,倾斜煤层底板岩层的变形破坏、承压水的入侵导升以及倾斜煤层工作面底板易于突水的位置,数值模拟遵循如下建模原则:

(1)考虑承压水上倾斜煤层走向长壁开采的特点,以及开采过程中采动应力和水压力对底板岩层的共同作用,建立三维流固耦合数值计算模型进行模拟分析;

(2)依据倾斜煤层底板承压含水层水压的分布特征,在倾斜煤层底板施加沿煤层倾斜方向的线性增加水压力载荷,并考虑水与岩体的流固耦合效应;

(3)将承压水上倾斜煤层底板区域作为重点分析研究的对象,在建立数值计算模型时,对该区域单元进行重点细化;

(4)数值计算模型几何尺寸足够大,岩石力学参数、边界条件及模型初始条件尽可能与工程实际相符合。

5.2 模拟工程背景与数值计算模型

5.2.1 模拟工程背景

为使数值模拟更具有针对性,以及模拟参数选取更具合理性,本次模拟以淮北矿业集团有限责任公司桃园煤矿 1066 倾斜煤层工作面(以下简称"1066 倾斜煤层工作面")开采为工程背景。1066 倾斜煤层工作面走向长为 790 m,倾向长为 112 m,工作面上侧巷道处煤层埋深为 500 m,煤层平均厚度为 3.4 m,煤层平均倾角为 28°。煤层顶底板岩层以细砂岩、粉砂岩及中砂岩为主,太原组灰岩含水层位于 1066 倾斜煤层工作面底板下方 53 m 处,其水压高达 3.0 MPa,工作面回采过程中存在底板突水危险。因此,有必要借助数值模拟方法来确定 1066 倾斜煤层工作面底板采动破坏深度、承压水导升高度以及工作面底板易于突水的位置,划分 1066 倾斜煤层工作面底板突水危险区域,预测及防治 1066 倾斜煤层工作面底板突水。

5.2.2 数值计算模型

根据 1066 倾斜煤层工作面走向长壁开采的特点,基于 FISH 语言对 FLAC³ᴰ 软件进行二次开发,建立如图 5-1 所示的倾斜煤层走向长壁开采三维流固耦合数值计算模型。模型中 X 方向为工作面倾向,Y 方向为工作面走向(红色箭头所示方向),倾斜工作面宽度为 $L=112$ m,煤层平均厚度为 $M=3.4$ m,煤层平均倾角为 $\alpha=28°$,工作面上侧巷道处煤层埋深为 $H=500$ m。工作面两侧煤柱水平宽度为 40 m,工作面走向(Y 方向)长度为 180 m。模型采用分步开挖方式,从 $y=40$ m 处进行开挖,每步挖进 20 m,一次采全高,开挖 5 步,共计向前开挖 100 m,在 $y=140$ m 处停止开挖。作用在倾斜煤层底板岩层上的水压沿煤层倾斜方向线性增加,工作面上侧巷道底板承压含水层水压为 $p_0=3.0$ MPa,下侧巷道底板承压含水层水压约为 3.82 MPa。模型底面约束垂直方向的位移,前后左右四面约束水平方向的位移。模型上表面为自由面,除煤层顶板外的上覆岩层以均布载荷的形式加载到模型上表面。

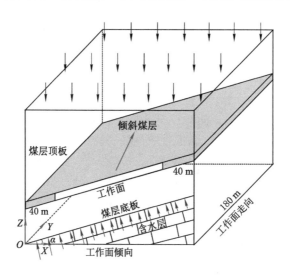

图 5-1　倾斜煤层走向长壁开采三维流固耦合数值计算模型

借助多个钻孔地质资料及室内岩石力学试验成果,可以确定煤层顶底板各岩层的厚度、强度及相应的层位以及底板承压含水层的水压分布趋势。从而可以进一步确定 1066 倾斜煤层工作面顶底板各岩层的岩性、厚度、密度、强度(抗压、抗拉、抗剪强度)、体积模量、剪切模量、内聚力、内摩擦角、渗透系数、孔隙率等参数。模型中 1066 倾斜煤层工作面顶底板岩层的物理力学参数如表 5-1 所示。

表 5-1 1066 倾斜煤层工作面顶底板岩层物理力学参数

序号 (No.)	岩性	厚度/m	密度 /(kg/m³)	体积模量 /GPa	剪切模量 /GPa	抗拉强度 /MPa	内聚力 /MPa	内摩擦角 /(°)	渗透系数 /(m/s)	孔隙率
1	中砂岩	14.0	2 650	2.78	2.63	0.95	3.90	41	8.0×10^{-13}	0.12
2	泥岩	9.5	2 620	1.86	0.53	0.50	2.70	30	8.0×10^{-14}	0.08
3	中砂岩	4.0	2 650	2.78	2.63	0.95	3.90	41	8.0×10^{-13}	0.12
4	粉砂岩	7.5	2 650	4.54	4.30	1.20	4.90	40	7.0×10^{-12}	0.14
5	细砂岩	5.0	2 650	3.38	3.32	1.10	5.10	42	5.0×10^{-12}	0.14
6	10 煤	3.4	1 400	1.43	1.09	0.03	1.00	25	1.0×10^{-12}	0.15
7	粉砂岩	6.0	2 650	4.54	4.30	1.20	4.90	40	7.0×10^{-12}	0.13
8	细砂岩	9.0	2 650	3.38	3.32	1.50	3.50	38	5.0×10^{-12}	0.13
9	砂泥岩	6.5	2 600	1.73	1.09	0.65	2.90	25	6.0×10^{-14}	0.09
10	中砂岩	12.0	2 650	2.78	2.63	0.95	3.90	41	8.0×10^{-13}	0.12
11	砂泥岩	9.0	2 600	1.73	1.09	0.65	2.90	25	6.0×10^{-14}	0.09
12	中砂岩	3.0	2 650	2.78	2.63	0.95	3.90	41	8.0×10^{-13}	0.12
13	粉砂岩	5.5	2 650	4.54	4.30	1.20	4.90	40	5.0×10^{-13}	0.14
14	中砂岩	2.0	2 650	2.78	2.63	0.95	3.90	41	8.0×10^{-13}	0.12
15	含水层	90.0	2 500	4.20	3.12	1.40	3.20	38	5.0×10^{-10}	0.31

备注:FLAC³D软件中渗透系数的单位与水力学中渗透系数的单位有所不同,二者换算关系为 $K[\text{m}^2/(\text{Pa}\cdot\text{s})]=$ $K(\text{cm/s})\times1.02\times10^{-6}$。

5.3 沿煤层倾斜方向底板流固耦合破坏特征

5.3.1 沿煤层倾斜方向底板垂直应力

图 5-2 为沿煤层倾斜方向底板垂直应力随工作面推进距离的变化云图。从不同推进距离的底板垂直应力云图可以看出,随着倾斜煤层工作面的不断推进,底板岩层卸压范围不断扩大,当工作面推进 40 m 左右时,工作面底板卸压范围对底板含水层开始产生影响;当工作面推进 60 m 左右时,工作面底板卸压范围对底板含水层的影响增大;当工作面推进 80 m 左右时,工作面底板卸压范围对底板含水层的影响进一步增大;当工作面继续向前推进时,底板卸压范围对底板含水层的影响基本保持不变。

因此,随着工作面的不断向前推进,底板岩层卸压范围不断扩大,直到工作面推进 80 m 左右时才基本保持不变。这是由于在工作面推进初期,工作面开切眼附近及工作面前方都产生应力集中,两者应力集中程度约为原岩应力的 3 倍,且两者相距较近,对工作面底板岩层产生了共同的作用,导致底板岩层卸压范围不断扩大,直至工作面推进 80 m 左右时对工作面底板岩层产生的共同作用才趋于缓和,对含水层的影响才基本保持不变。

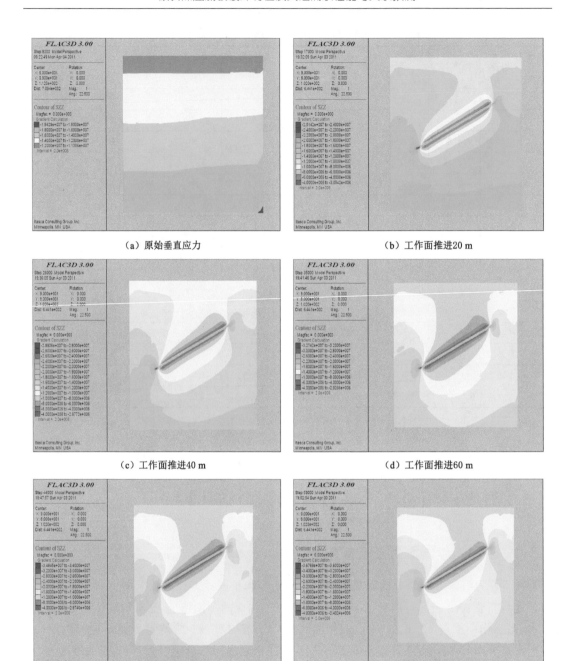

（a）原始垂直应力 （b）工作面推进20 m

（c）工作面推进40 m （d）工作面推进60 m

（e）工作面推进80 m （f）工作面推进100 m

图 5-2 沿煤层倾斜方向底板垂直应力随工作面推进距离的变化云图

5.3.2 沿煤层倾斜方向底板等效应力

图 5-3 为沿煤层倾斜方向底板等效应力（Mises 应力）随工作面推进距离的变化云图。从不同推进距离的底板等效应力云图可以看出，采动应力和孔隙水压对工作面底板岩层的

共同作用,使得底板岩层中存在着明显的应力集中区(工作面两侧底板区域、采空区底板区域)。随着工作面的不断推进,应力集中程度和范围不断扩大,当工作面推进 80 m 左右时,应力集中程度和范围达到最大。此时,工作面下侧底板区域的等效应力最大值约为 20.0 MPa。当工作面继续向前推进时,底板应力集中程度和范围基本保持不变。

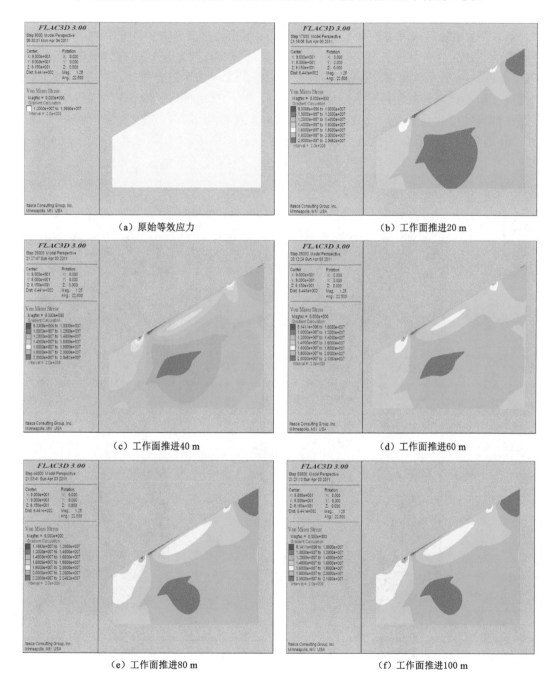

（a）原始等效应力

（b）工作面推进20 m

（c）工作面推进40 m

（d）工作面推进60 m

（e）工作面推进80 m

（f）工作面推进100 m

图 5-3 沿煤层倾斜方向底板等效应力随工作面推进距离的变化云图

另外,当工作面推进 80 m 左右时,工作面下侧底板区域的应力集中程度和范围达到最大,比采空区底板区域的应力集中程度还大,其作用范围也影响到底板含水层。因此,工作面下侧底板区域是倾斜煤层底板突水的危险区域。

5.3.3 沿煤层倾斜方向底板破坏特征

图 5-4 为沿煤层倾斜方向底板塑性破坏区随工作面推进距离的变化云图。从不同推进距离的底板塑性破坏区云图可以看出,在采动应力和孔隙水压对底板岩层的共同作用下,工作面底板及承压含水层上表面都产生了塑性破坏区。随着工作面的不断推进,工作面底板塑性破坏范围不断扩大,如图 5-5 所示。当工作面推进 80 m 左右时,工作面底板塑性破坏深度达到最大。此时,最大塑性破坏深度约为 15 m。当工作面继续向前推进时,工作面底板塑性破坏深度及范围基本保持不变。另外,工作面底板下侧区域的塑性破坏深度较大,与底板含水层相距较近。因此,工作面底板下侧区域是倾斜煤层底板突水的危险区域。

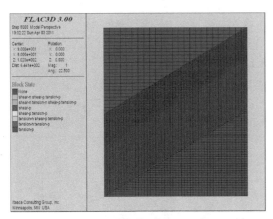

（a）模型开挖前

（b）工作面推进20 m

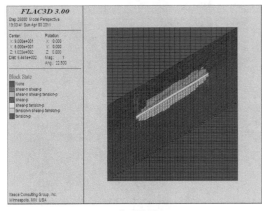

（c）工作面推进40 m

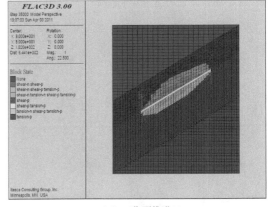

（d）工作面推进60 m

图 5-4　沿煤层倾斜方向底板塑性破坏区随工作面推进距离的变化云图

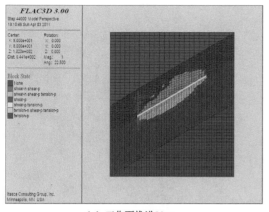 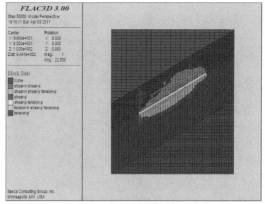

（e）工作面推进80 m　　　　　　　（f）工作面推进100 m

图 5-4（续）

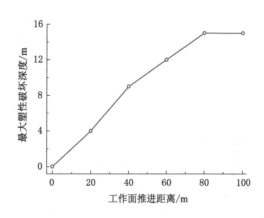

图 5-5　沿煤层倾斜方向底板最大塑性破坏深度随工作面推进距离的变化规律

5.4　沿煤层倾斜方向底板承压渗透特性

图 5-6 为沿煤层倾斜方向底板孔隙水压及其渗流矢量分布随工作面推进距离的变化云图。从不同推进距离的底板孔隙水压及其渗流矢量分布云图可以看出，工作面回采前，承压含水层上部就存在着原始导升带，其高度约为 7 m，原始导升带终止于含水层上部第二层的粉砂岩层（表 5-1 中的 No.13）内。随着工作面不断向前推进，在采动应力和含水层水压的共同作用下，承压水导升带高度不断增大，如图 5-7 所示。当工作面推进 80 m 左右时，承压水导升带高度达到最大值，约为 11 m，其终止于含水层上部第四层的砂泥岩层（表 5-1 中的 No.11）内。当工作面继续向前推进时，承压水导升带高度基本保持不变。

另外，随着工作面的不断向前推进，底板卸压范围不断扩大，导致工作面底板岩层孔隙水压及其渗流速度不断发生变化。当工作面推进 60 m 左右时，工作面底板岩层孔隙水压及其渗流速度开始发生变化；当工作面推进 80 m 左右时，工作面底板岩层孔隙水压及其渗

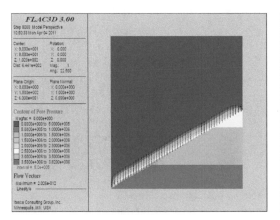

（a）原始孔隙水压

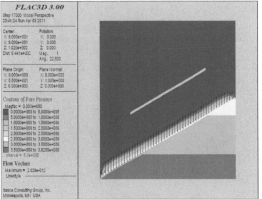

（b）工作面推进20 m

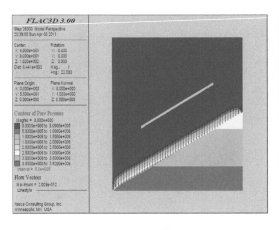

（c）工作面推进40 m

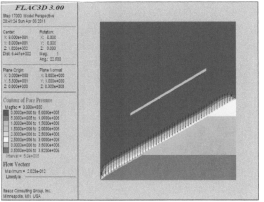

（d）工作面推进60 m

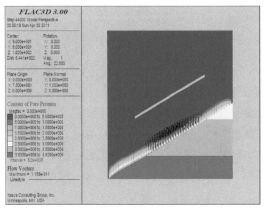

（e）工作面推进80 m

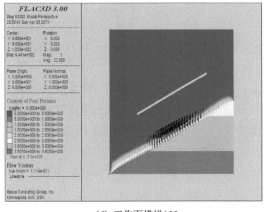

（f）工作面推进100 m

图 5-6　沿煤层倾斜方向底板孔隙水压及其渗流矢量随工作面推进距离的变化云图（不突水）

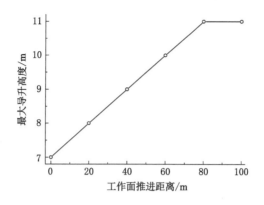

图 5-7 沿煤层倾斜方向底板承压水最大导升高度随工作面推进距离的变化规律(不突水)

流速度变化比较明显;当工作面继续向前推进时,工作面底板岩层孔隙水压及其渗流速度基本保持不变。

虽然底板采动破坏深度及承压水导升带高度随着工作面的向前推进而不断增大,且在工作面推进 80 m 左右时达到最大,但在工作面底板采动导水破坏带(煤层底板的粉砂岩层、细砂岩层由于采动而破坏,见表 5-1 中的 No.7 和 No.8)与承压水导升带(含水层上部的中砂岩层、粉砂岩层及中砂岩层,见表 5-1 中的 No.12、No.13、No.14)之间存在着较好的"软硬软"复合隔水层[61-62](砂泥岩-中砂岩-砂泥岩,见表 5-1 中的 No.9、No.10、No.11),其缓冲了底板采动破坏,阻隔了承压水的进一步导升,抑制了工作面底板突水发生。因此,当工作面推进 80 m 左右时,若承压水没有突破 1066 倾斜煤层工作面底板岩层内的"软硬软"复合隔水层,则此复合隔水层将一直保持良好的隔水性能,且能有效阻隔 1066 倾斜煤层工作面底板突水。

5.5 沿煤层倾斜方向底板易于突水位置

为确定 1066 倾斜煤层工作面底板易于突水的位置,改变 1066 倾斜煤层工作面底板部分岩层(表 5-1 中的 No.6 到 No.15)的物理力学参数,尤其是底板采动导水破坏带与承压水导升带之间的"软硬软"复合隔水层(砂泥岩-中砂岩-砂泥岩)的岩层参数,降低岩层的强度并增大其渗透性。改变岩层参数后的 1066 倾斜煤层工作面底板物理力学参数如表 5-2 所示。

表 5-2 改变后的 1066 倾斜煤层工作面底板岩层物理力学参数

序号 (No.)	岩性	厚度/m	密度 /(kg/m³)	体积模量 /GPa	剪切模量 /GPa	抗拉强度 /MPa	内聚力 /MPa	内摩擦角 /(°)	渗透系数 /(m/s)	孔隙率
6	10 煤	3.4	1 400	1.43	1.09	0.03	1.00	25	$1.0×10^{-12}$	0.15
7	粉砂岩	6.0	2 650	4.54	4.30	1.10	4.90	40	$7.0×10^{-12}$	0.13
8	细砂岩	9.0	2 650	3.38	3.32	1.00	3.10	38	$5.0×10^{-12}$	0.13
9	砂泥岩	6.5	2 600	1.73	1.09	0.60	2.60	25	$6.0×10^{-12}$	0.09
10	中砂岩	12.0	2 650	2.78	2.63	0.75	3.50	41	$8.0×10^{-12}$	0.12
11	砂泥岩	9.0	2 600	1.73	1.09	0.45	2.90	25	$6.0×10^{-14}$	0.09

表 5-2(续)

序号 (No.)	岩性	厚度/m	密度 /(kg/m³)	体积模量 /GPa	剪切模量 /GPa	抗拉强度 /MPa	内聚力 /MPa	内摩擦角 /(°)	渗透系数 /(m/s)	孔隙率
12	中砂岩	3.0	2 650	2.78	2.63	0.75	3.50	41	8.0×10^{-12}	0.12
13	粉砂岩	5.5	2 650	4.54	4.30	1.00	4.40	40	5.0×10^{-12}	0.14
14	中砂岩	2.0	2 650	2.78	2.63	0.75	3.50	41	8.0×10^{-12}	0.12
15	含水层	90.0	2 500	4.20	3.12	1.40	3.20	38	1.0×10^{-10}	0.31

图 5-8 为改变 1066 倾斜煤层工作面底板岩层参数后沿煤层倾斜方向底板孔隙水压及其渗流矢量分布随工作面推进距离的变化云图。从不同推进距离的底板孔隙水压及其渗流矢量分布云图可以看出,工作面回采前,承压含水层上部就存在着原始导升带,其高度约为 7 m,与没有改变 1066 倾斜煤层工作面底板岩层参数之前的承压水原始导升带高度相当。随着工作面不断向前推进,在采动应力和承压含水层水压的共同作用下,承压水导升带高度不断增大,如图 5-9 所示。当工作面推进 80 m 左右时,承压水导升带高度达 16 m 左右,与没有改变 1066 倾斜煤层工作面底板岩层参数之前的承压水导升带高度相比,增大了近 5 m。

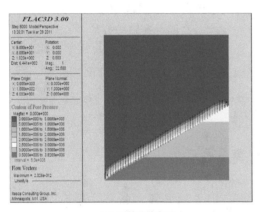

（a）原始孔隙水压

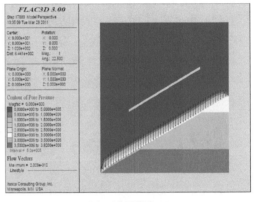

（b）工作面推进20 m

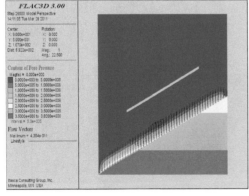

（c）工作面推进40 m

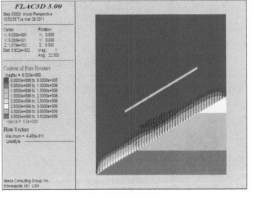

（d）工作面推进60 m

图 5-8 沿煤层倾斜方向底板孔隙水压及其渗流矢量随工作面推进距离的变化云图（突水）

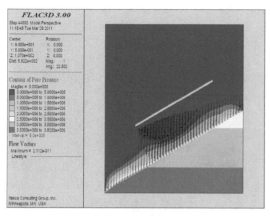 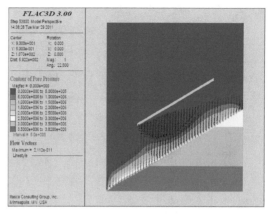

（e）工作面推进80 m　　　　　　　　（f）工作面推进100 m

图 5-8（续）

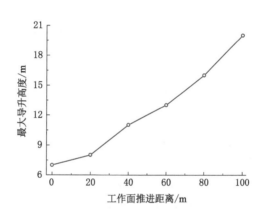

图 5-9　沿煤层倾斜方向底板承压水最大导升高度随工作面推进距离的变化规律（突水）

另外，随着工作面不断向前推进，倾斜煤层底板岩层卸压范围不断增大，导致工作面底板岩层孔隙水压及其渗流速度不断发生变化，其变化速度与没有改变工作面底板岩层参数之前相比更快、更明显。当工作面推进 40 m 左右时，工作面底板岩层孔隙水压及其渗流速度的变化就非常明显；当工作面推进 60 m 左右时，工作面底板下侧区域岩层的渗流速度比其余部位的明显偏大，说明工作面底板下侧区域岩层的裂隙比较发育，渗透性较强；当工作面推进 80 m 左右时，工作面底板下侧区域岩层的渗流速度进一步增大，承压水突破了 1066 倾斜煤层工作面底板岩层内的"软硬软"复合隔水层（表 5-2 中的 No. 9、No. 10、No. 11），使承压水导升带与底板采动导水破坏带有导通的趋势，工作面底板下侧区域将要发生突水；当工作面推进 100 m 左右时，承压水导升带与底板采动导水破坏带沟通，导致工作面底板下侧区域发生突水。因此，对于无断层构造的 1066 倾斜煤层工作面底板岩层而言，倾斜煤层工作面底板下侧区域为易发生底板突水的危险区域。

5.6　本　章　小　结

　　以桃园煤矿承压水上倾斜煤层走向长壁开采为研究对象,基于 FISH 语言对 FLAC^{3D}软件进行二次开发,建立了承压水上 1066 倾斜煤层工作面开采三维流固耦合数值计算模型。模拟研究了 1066 倾斜煤层工作面在推进过程中沿煤层倾斜方向的底板垂直应力、等效应力、塑性区、渗流孔隙压力及渗流矢量分布特征,分析了 1066 倾斜煤层工作面底板采动破坏深度、承压水导升高度及 1066 倾斜煤层工作面底板易于突水的位置,结果表明:

　　(1) 随着 1066 倾斜煤层工作面向前推进,底板岩层卸压范围不断扩大,直到工作面推过 80 m 左右才基本保持不变。在工作面推进过程中,底板岩层存在着明显的等效应力集中区,集中程度在工作面推进 80 m 左右时达到最大,且最大等效应力集中区位于工作面底板的下侧区域,从而使得工作面底板下侧区域突水的危险性更大。

　　(2) 随着 1066 倾斜煤层工作面向前推进,底板塑性破坏范围不断扩大,当工作面推进 80 m 左右时,底板塑性破坏深度达到最大值 15 m,且最大破坏深度位于工作面底板的下侧区域,与含水层相距较近,从而说明工作面底板下侧区域突水的危险性更大。

　　(3) 1066 倾斜煤层工作面开采前,承压含水层上部就存在着承压水原始导升现象,其高度约为 7 m;随着工作面向前推进,承压水导升高度不断增大,当工作面推进 80 m 左右时,达到 11 m 的最大导升高度。此后,随着工作面继续向前推进,承压水最大导升高度基本保持不变。

　　(4) 随着 1066 倾斜煤层工作面向前推进,工作面底板岩层孔隙水压及其渗流速度不断发生变化,但由于工作面底板"软硬软"复合隔水层存在阻隔效应,工作面在推过 80 m 左右后,底板岩层的孔隙水压及其渗流速度基本保持不变。

　　(5) 当改变工作面底板岩层参数后,承压水能通过 1066 倾斜煤层工作面底板岩层的下侧区域,突破底板"软硬软"复合隔水层的阻隔而涌入采煤工作面内,从而导致倾斜煤层底板突水。因此,对无断层构造的 1066 倾斜煤层工作面而言,工作面下侧区域为易发生底板突水的危险区域。

6 倾斜煤层底板阻隔水性能分析

依据倾斜煤层底板隔水关键层的变形特性和应力分布特征,进一步分析倾斜煤层底板隔水关键层的破断失稳特征和突水危险区域[94]。在此基础上,基于推导的采场底板倾斜隔水关键层所能承受的最大底板承压含水层水压表达式,从多因素和单因素的角度分析影响倾斜煤层底板隔水关键层阻隔水性能的主要因素及其影响规律[95]。

6.1 倾斜煤层底板隔水关键层破断失稳特征

6.1.1 破断失稳模式

倾斜煤层底板隔水关键层的变形特性(见 4.2.2 小节内容)和应力分布特征(见 4.2.3 小节内容)表明,倾斜隔水关键层在采动应力及其下部承压含水层水压的共同作用下,在突水之前会产生逆着 Z 轴正方向向上的弯曲,导致倾斜隔水关键层下层面中部偏下的区域受压而出现压破坏,边界区域受拉而出现拉破坏,剪应力集中区域受剪而出现剪破坏,如图 6-1 所示。从图 6-1 可以看出,倾斜隔水关键层的应力分布具有明显的非对称特征,该特征不同于水平隔水关键层的应力分布特征。

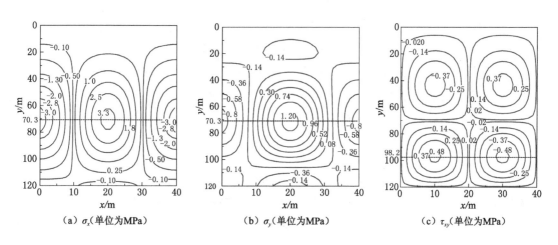

(a) σ_x(单位为MPa)　　(b) σ_y(单位为MPa)　　(c) τ_{xy}(单位为MPa)

图 6-1　采场底板倾斜隔水关键层向上弯曲时的应力分布规律

岩石的强度特征一般是抗拉强度小于抗剪强度,均小于抗压强度,且倾斜隔水关键层上作用的拉应力与压应力在数值上相当(方向相反)。由于倾斜隔水关键层在其长边中央偏下、坐标为(0,70.3 m)和(40 m,70.3 m)的位置上拉应力较大,因而倾斜隔水关键层将首先在此位置附近区域形成拉伸断裂,如图 6-2(a)所示。其次,倾斜隔水关键层将在其短边中央附近区域形成拉伸裂缝,如图 6-2(b)和图 6-2(c)所示,但倾斜隔水关键层下部边界中央、坐标为(20 m,120 m)位置附近区域的拉应力值较上部边界中央、坐标为(20 m,0)位置附近区域的拉应力值大,这使得倾斜隔水关键层下部边界附近区域形成的拉伸裂缝[图 6-2(b)]要先于上部边界附近区域形成的拉伸裂缝[图 6-2(c)]。随着拉伸裂缝的延伸扩展,裂缝将在倾斜隔水关键层四角区域呈弧形曲线状贯通,形成"O"形破断模式,如图 6-2(d)所示。最后,倾斜隔水关键层中部偏下附近区域,在剪应力、压应力的共同作用下形成非对称"X"形破断模式,并与"O"形破断裂缝相贯通,如图 6-2(e)所示。采场底板倾斜隔水关键层在采动应力和承压含水层水压的共同作用下,经历拉伸破坏、剪切破坏和压缩破坏,最终形成非对称"O-X"形破断模式,从而导致倾斜隔水关键层的破断失稳,诱发工作面底板突水。

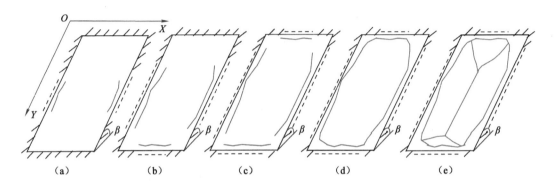

图 6-2　采场底板倾斜隔水关键层破断失稳过程示意

6.1.2　破断失稳特征

为验证上述理论分析所获得的倾斜煤层底板隔水关键层应力分布规律及破断失稳模式的正确性,基于 FISH 语言对 FLAC[3D]软件进行二次开发,建立倾斜煤层走向长壁开采三维流固耦合数值计算模型(图 5-1),模拟在倾斜煤层回采过程中底板倾斜岩层(隔水关键层)的变形破坏特征、应力分布特征及渗流场演化规律(见 5.3 节、5.4 节和 5.5 节内容),分别如图 6-3、图 6-4 和图 6-5 所示。

图 6-3 为倾斜煤层回采时采场底板倾斜隔水关键层破断失稳过程中的塑性区分布云图(平行于采场底板倾斜隔水关键层的剖面图)。可以看出,倾斜隔水关键层四周边界区域主要受拉应力作用而形成拉伸破坏,且倾斜隔水关键层长边中央偏下区域的拉伸破坏范围大于偏上区域的拉伸破坏范围。倾斜隔水关键层下部边界形成的拉伸破坏范围大于上部边界形成的拉伸破坏范围,破坏区分布具有明显的非对称特征。倾斜隔水关键层内部受到拉应力、剪应力和压应力作用而形成的拉伸破坏、剪切破坏和压缩破坏区域主要集中分布在倾斜隔水关键层中部偏下的区域,其破坏分布特征与前面理论分析的倾斜隔水关键层应力分布规律和破断失稳特征相对应,直接表明图 6-2 所分析的采场底板倾斜隔水关键层破断失稳过程的正确性。

倾斜隔水关键层破断失稳过程表明,其与四边固支水平隔水关键层[87]的破断失稳过程有所不同,主要表现在:① 倾斜隔水关键层在其长边中央偏下的位置处拉应力较大,并在此位置附近区域形成拉伸断裂,而不是在其长边中央位置处形成拉伸断裂;② 倾斜隔水关键

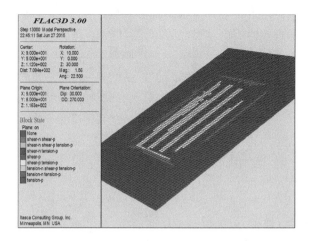

图 6-3　采场底板倾斜隔水关键层破断失稳过程中塑性区分布规律

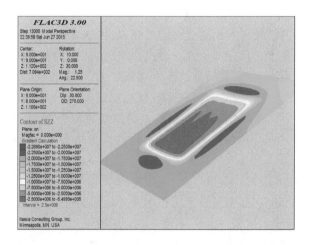

图 6-4　采场底板倾斜隔水关键层垂直应力分布云图

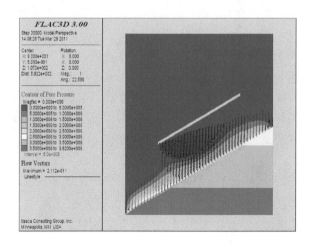

图 6-5　沿煤层倾斜方向工作面底板孔隙水压及其渗流矢量云图

层上下部边界(短边)中央附近区域并不是同时形成拉伸裂缝的,其下部边界附近区域形成的拉伸裂缝要先于上部边界附近区域形成的拉伸裂缝;③ 倾斜隔水关键层长边边界形成的拉伸断裂向下部延伸扩展的速度大于其向上部延伸扩展的速度,下部短边边界拉伸裂缝延伸扩展的速度大于上部短边边界拉伸裂缝延伸扩展的速度,使得倾斜隔水关键层下部两角处裂缝的贯通要先于上部两角处裂缝的贯通;④ 与"O"形破断裂缝相贯通的"X"形破断裂缝,其中心并不是位于倾斜隔水关键层的中部,而是在其中部偏下的位置处,如图 6-2 所示。

6.2　倾斜煤层底板隔水关键层突水危险区域

倾斜煤层底板隔水关键层破断失稳诱发工作面底板突水,与采场矿压显现密切相关[96]。由于受采场覆岩(结构)关键层的控制,在初次来压或周期来压前,工作面后方一定范围内的底板岩层上仅作用垮落的直接顶岩层载荷及很小的通过矸石传递而来的老顶覆岩载荷,此时采空区底板岩层处于卸压膨胀状态,如图 6-4 所示(平行于采场底板倾斜隔水关键层的剖面图)。同时,采场底板倾斜隔水关键层下部由于受到含水层水压的作用而向上弯曲,使得底板倾斜隔水关键层更容易遭受拉伸破坏、剪切破坏和压缩破坏的作用而产生破断失稳,诱发采空区底板突水。从图 6-4 可以看出,采空区后方边缘(开切眼位置)、工作面煤壁(特别是其中下部区域)位置以及采空区上下端头区域,由于长期处于卸压膨胀状态,使得底板倾斜隔水关键层在这些区域更容易产生拉伸屈服破坏,从而使得这些区域底板成为极易突水的危险区域。同时,由采场底板倾斜隔水关键层破断失稳过程的演化规律(图 6-2、图 6-3)可知,倾斜采空区前后边缘中下部区域突水的概率也要大于采空区前后边缘中上部的区域。

在初次来压或周期来压时,采空区一定范围内悬空的上覆老顶岩层将发生破断,破断后在采空区中部及后部触矸,从而使得滞后工作面 1～2 个周期来压步距之后的采空区底板岩层将被重新压实。重新压实的采空区底板岩层将对底板倾斜隔水关键层传递并施加覆岩载荷,抑制底板倾斜隔水关键层破断裂隙的进一步延伸扩展。而采空区前方煤壁附近区域的底板岩层由于来压时的突然剧烈卸压膨胀,使得此位置附近区域底板岩层的破坏深度大于(重新压实)采空区底板岩层的破坏深度,从而使得采空区前方煤壁附近区域更容易诱发底板突水。

对于工作面上下端头附近区域而言,由于来压时顶板岩层垮落的不充分,工作面上下端头附近的底板岩层长期处于卸荷膨胀状态,导致此区域底板岩层的导水破断裂隙较为发育,底板岩层的阻隔水能力降低,并且工作面下端头附近区域底板岩层的破坏深度要大于工作面上端头附近区域底板岩层的破坏深度,从而使得工作面下端头附近区域发生底板突水的可能性大于被垮落矸石重新压实的区域,如图 6-5 所示(沿煤层倾斜方向工作面底板孔隙水压及其渗流矢量云图)。由采场底板倾斜隔水关键层破断失稳过程的演化规律(图 6-2、图 6-3)可知,采空区下端头区域突水的可能性要大于采空区上端头区域,同时图 6-5 所示的流固耦合模拟结果也表明了倾斜采场下端头区域突水的可能性要大于上端头区域,这与现场突水事故统计结果相一致。因此,工作面上下端头是底板突水的高危险频发区域,尤其是工作面下端头区域,其突水可能性更大。

6.3　倾斜煤层底板隔水关键层阻隔水性能

假设采场底板倾斜隔水关键层在多向应力作用下因剪切而发生屈服破坏,下面分别从多因素和单因素的角度分析采场底板倾斜隔水关键层的阻隔水性能,包括采场底板倾斜隔水关键层阻隔水性能的主要影响因素及其影响规律。

6.3.1　多因素分析

从表 4-2 综采采场地质条件及开采设计参数范围内选取 a、b、h_k、β、E_k 5 个主要影响因子,采用 $L_{16}(4^5)$ 正交设计方案(设计 16 组参数方案,如表 6-1 所示),将每个影响因子参数范围平分为 4 个水平。利用第 4 章基于剪切破坏机理推导的采场底板倾斜隔水关键层所能承受的最大底板承压含水层水压 p_s 的表达式[式(4-22)],可以计算出采场底板倾斜隔水关键层所能承受的最大极限水压,如表 6-1 所示(计算所需其余参数如表 4-4 所示)。

表 6-1　$L_{16}(4^5)$ 正交设计方案各组参数计算的倾斜隔水关键层所能承受的最大承压含水层水压

方案	$L_{16}(4^5)$ 正交设计方案中方程(4-22)的参数值					水压 p_s/MPa
	a/m	b/m	h_k/m	β/(°)	E_k/GPa	
1	30	80	6	0	10	2.274
2	30	120	8	15	20	3.031
3	30	160	10	30	30	3.927
4	30	200	12	45	40	4.964
5	40	80	8	30	40	2.165
6	40	120	10	45	30	0.900
7	40	160	12	0	20	3.966
8	40	200	10	15	10	2.647
9	50	80	10	45	20	2.265
10	50	120	12	30	10	2.657
11	50	160	6	15	40	1.086
12	50	200	6	0	30	1.755
13	60	80	12	15	30	3.240
14	60	120	10	0	40	2.083
15	60	160	8	45	10	0.636
16	60	200	6	30	20	0.517

从表 6-1 可以看出,当倾斜煤层底板承压含水层水压为 3.5 MPa 时,正交设计方案中只有第 3、4、7 方案的参数计算出的底板最大承压含水层水压 p_s 大于 3.5 MPa,表明这些方案参数对应的底板倾斜隔水关键层是安全的,不会发生底板突水;当倾斜煤层底板承压含水层水压为 3.0 MPa 时,正交设计方案中只有第 2、3、4、7、13 方案的参数计算出的底板最大承压含水层水压 p_s 大于 3.0 MPa,表明这些方案参数对应的底板倾斜隔水关键层是安全的,

不会发生底板突水;当倾斜煤层底板承压含水层水压为 2.0 MPa 时,正交设计方案中只有第 1、2、3、4、5、7、8、9、10、13、14 方案的参数计算出的底板最大承压含水层水压 p_s 大于 2.0 MPa,表明这些方案参数对应的底板倾斜隔水关键层是安全的,不会发生底板突水。

为分析底板倾斜隔水关键层阻隔水性能的主要影响因素及其影响规律,对表 6-1 中 5 个影响因子(a、b、h_k、β、E_k)的 4 个水平值(水压 p_s)分别求和 $\sum L_i (i = 1,2,3,4)$,然后对求和值 $\sum L_i (i = 1,2,3,4)$ 取平均值 $\overline{\sum L_i} (i = 1,2,3,4)$,如表 6-2 所示。表 6-2 中 R 为极差($R = \max \overline{\sum L_i} - \min \overline{\sum L_i}, i = 1,2,3,4$),极差 R 反映 5 个影响因子变化时,试验结果(水压 p_s)变化的幅值。由表 6-2 中极差 R 可以判断出,5 个影响因子(a、b、h_k、β、E_k)对底板倾斜隔水关键层隔水性能影响的大小依次为 h_k、a、E_k、β、b。其中,h_k、a 的影响较为明显,h_k 影响占到 44.8%,a 影响占到 34.4%,两者总影响占到 79.2%;b 影响占到 5.7%;E_k 影响占到 9.3%;β 影响占到 5.8%。

表 6-2 $L_{16}(4^5)$ 正交设计计算结果分析

正交参数	$\sum L_1$	$\sum L_2$	$\sum L_3$	$\sum L_4$	$\overline{\sum L_1}$	$\overline{\sum L_2}$	$\overline{\sum L_3}$	$\overline{\sum L_4}$	R	影响程度
a	14.196	9.678	7.763	6.475	3.549	2.420	1.941	1.619	1.930	34.4%
b	9.944	8.671	9.615	9.884	2.486	2.168	2.404	2.471	0.318	5.7%
h_k	4.777	7.587	10.922	14.827	1.194	1.897	2.731	3.707	2.513	44.8%
β	10.078	10.004	9.266	8.765	2.520	2.501	2.317	2.191	0.329	5.8%
E_k	8.214	9.779	9.822	10.298	2.053	2.445	2.456	2.575	0.522	9.3%

图 6-6 给出了 5 个影响因子(a、b、h_k、β、E_k)与其 4 个水平平均值 $\overline{\sum L_i} (i = 1,2,3,4)$ 之间的关系。图 6-6 中 5 个影响因子随 4 个水平的变化规律表明,随着 a 的增大,$\overline{\sum L_i}$ 呈迅速下降趋势,意味着采场底板倾斜隔水关键层所能承受的最大底板承压含水层水压随着 a 的增大而减小。随着 b 的增大,$\overline{\sum L_i}$ 呈先下降后缓慢增大的趋势,这主要由于表 6-1 中 b 影响因子第三、四水平的设计方案中隔水关键层厚度 h_k 较大(如表 6-1 中正交设计方案 3、4、7 所示),而隔水关键层厚度 h_k 对试验结果影响较大,从而使得 $\overline{\sum L_i}$ 在后期呈缓慢增大趋势。若弱化隔水关键层厚度 h_k 的主导影响作用,则采场底板倾斜隔水关键层所能承受的最大底板承压含水层水压随着 b 的增大整体呈现减小趋势(具体分析结果见 6.3.2 小节内容)。随着 h_k 的增大,$\overline{\sum L_i}$ 呈急速增大的趋势,意味着采场底板倾斜隔水关键层所能承受的最大底板承压含水层水压随着 h_k 的增大而增大,底板倾斜隔水关键层越厚越有利于阻隔底板突水。随着 β 的增大,$\overline{\sum L_i}$ 呈减小的趋势,意味着采场底板倾斜隔水关键层所能承受的最大底板承压含水层水压随着 β 的增大而减小。随着 E_k 的增大,$\overline{\sum L_i}$ 呈现增大的趋势,意味着采场底板倾斜隔水关键层所能承受的最大底板承压含水层水压随着 E_k 的增大而增大。

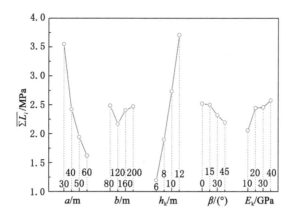

图 6-6 $L_{16}(4^5)$ 正交设计中 5 个影响因素与其 4 个水平平均值之间的关系

6.3.2 单因素分析

在采场底板倾斜隔水关键层参数取 $a=40$ m, $b=120$ m, $h_k=12$ m, $\beta=30°$, $E_k=32$ GPa（其余参数值如表 4-4 所示）的情况下,进一步分析单个地质条件及开采设计参数,如采空区垮落覆岩载荷、采场来压步距（隔水关键层尺寸）及隔水关键层倾角、厚度、层位、强度等对底板倾斜隔水关键层阻隔水性能的影响规律。

（1）垮落覆岩载荷

图 6-7 为采场底板倾斜隔水关键层所能承受的最大水压 p_s 随采空区垮落覆岩载荷 $q_0=\gamma_0 h_0$ 的变化规律。从图 6-7 可以看出,随着采空区垮落覆岩载荷 q_0 的增大,采场底板倾斜隔水关键层所能承受的最大水压 p_s 呈线性增大趋势,表明采空区垮落的覆岩有利于阻隔底板突水。

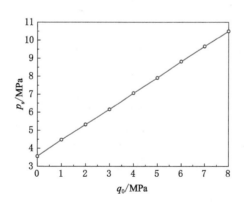

图 6-7 倾斜隔水关键层所能承受的最大水压 p_s 与垮落覆岩载荷 q_0 的关系

（2）采场来压步距（隔水关键层尺寸）

底板倾斜隔水关键层破断失稳,诱发工作面底板突水,与采场矿压显现密切相关。由于受采场覆岩（结构）关键层的控制,在初次来压或周期来压前,工作面后方一定范围内的底板岩层上仅作用垮落的直接顶岩层载荷及很小的通过矸石传递而来的基本顶覆岩载荷,采空区底板岩层处于卸压膨胀状态,而底板岩层下部则受到含水层水压的作用向上弯曲,从而使得底板倾斜隔水关键层更容易遭受拉伸破坏、剪切破坏和压缩破坏的作用而产生破断失稳,诱发采空区底板突水。在初次来压或周期来压时,采空区一定范围内悬空的上覆基本顶岩层发生破断,在采空区中部及后部触矸,使得滞后工作面 1~2 个周期来压步距之后的采空区被重新压实。重新压实的采空区底板岩层对底板倾斜隔水关键层传递并施加覆岩载荷,抑制其破断裂隙的进一步延伸扩展,有利于遏制底板突水。因此,初次来压前的采空区及工作面后方 1~2 个周期来压步距范围内的采空区发生底板突水的可能性要大于被垮落矸石重新压实的区域。

为了研究底板倾斜隔水关键层的稳定性与采场初次来压或周期来压步距(采场矿压显现)的关系,将初次来压前的采空区及工作面后方 1~2 个周期来压步距范围内的采空区尺寸等同于底板倾斜隔水关键层的尺寸,其倾向长度 b 即工作面的倾向长度,走向长度 a 即采场初次来压或 1~2 个周期来压前工作面的推进长度。图 6-8 为倾斜隔水关键层在其倾向长度 b 分别为 80 m、120 m、160 m、200 m 时,采场底板倾斜隔水关键层所能承受的最大水压 p_s 随工作面推进长度 a 的变化规律。

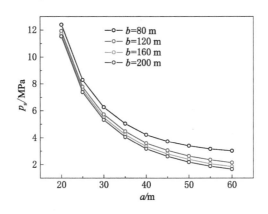

图 6-8　倾斜隔水关键层所能承受的最大水压 p_s 与其尺寸 a 和 b 的关系

从图 6-8 可以看出,对于不同的倾向长度 b,采场底板倾斜隔水关键层所能承受的最大水压 p_s 随工作面推进长度 a 的增大均呈减小趋势。这表明采场初次来压或周期来压步距较大时,大范围悬空的采空区容易诱发底板突水。另外,当工作面推进长度 a 相同时,采场底板倾斜隔水关键层所能承受的最大水压 p_s 随着工作面倾向长度 b 的增大而减小。因此,适当控制工作面倾向长度有利于控制工作面底板突水。

（3）隔水关键层倾角

图 6-9 为采场底板倾斜隔水关键层所能承受的最大水压 p_s 随隔水关键层倾角 β 的变化规律。从图 6-9 可以看出,随着隔水关键层倾角 β 的增大,采场底板倾斜隔水关键层所能承受的最大水压 p_s 呈非线性减小趋势。这主要由于随着隔水关键层倾角的增大,竖向载荷 q 在其上表面的横向分载荷 q_1 将减小,而平行于隔水关键层作用的纵向分载荷 q_2 则增大,同时作用在底板倾斜隔水关键层下表面的水压梯度却略有增大,从而使得底板倾斜隔水关键层的隔水性能降低。因此,在其他条件相同的情况下,采场底板岩层倾角越大,工作面底板

突水的危险性越大。

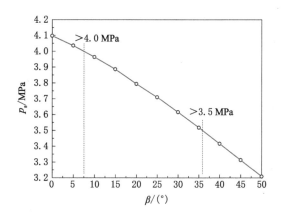

图 6-9　倾斜隔水关键层所能承受的最大水压 p_s 与其倾角 β 的关系

（4）隔水关键层厚度、层位、强度

图 6-10 为采场底板倾斜隔水关键层所能承受的最大水压 p_s 随隔水关键层厚度 h_k 的变化规律。从图 6-10 可以看出，采场底板倾斜隔水关键层所能承受的最大水压 p_s 与其厚度 h_k 呈二次抛物线关系，底板倾斜隔水关键层越厚，其阻隔水性能越好，这与已有的工作面底板突水资料的统计结果是一致的。

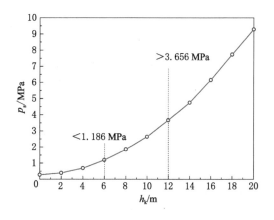

图 6-10　倾斜隔水关键层所能承受的最大水压 p_s 与其厚度 h_k 的关系

图 6-11 为采场底板倾斜隔水关键层所能承受的最大水压 p_s 随隔水关键层上方保护层带厚度 h_{21} 的变化规律。从图 6-11 可以看出，在采场底板保护层带厚度 h_2 及隔水关键层厚度 h_k 一定的情况下，底板倾斜隔水关键层所能承受的最大水压 p_s 与其上方保护层带的厚度 h_{21} 呈线性增加关系，厚度 h_{21} 越大，倾斜隔水关键层所能承受的最大水压 p_s 也越大。这主要由于在 h_2 及 h_k 一定的情况下，h_{21} 越大，作用在隔水关键层上向下的载荷越大，p_s 也越大。因此，当采场底板倾斜隔水关键层位于底板保护层带下部时，更有利于阻隔底板突水。

图 6-12 为采场底板倾斜隔水关键层所能承受的最大水压 p_s 随隔水关键层弹性模量 E_k

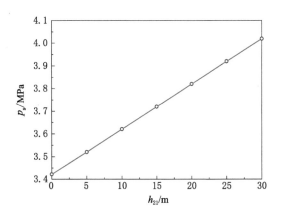

图 6-11　倾斜隔水关键层所能承受的最大水压 p_s 与其上方保护层带厚度 h_{21} 的关系

的变化规律。从图 6-12 可以看出，随着倾斜隔水关键层弹性模量 E_k 的增大，底板倾斜隔水关键层所能承受的最大水压 p_s 也呈增大趋势，这是因为岩体弹性模量越大，岩体强度越大，在载荷作用下越不容易变形破坏。

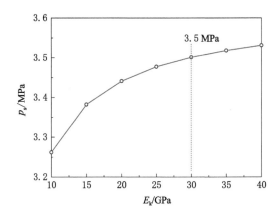

图 6-12　倾斜隔水关键层所能承受的最大水压 p_s 与其弹性模量 E_k 的关系

另外，图 6-13 给出了采场底板倾斜隔水关键层所能承受的最大水压 p_s 随隔水关键层内聚力 C 和内摩擦角 φ 的变化规律。图 6-13 表明，随着倾斜隔水关键层内聚力 C 的增大，底板倾斜隔水关键层所能承受的最大水压 p_s 也将增大，这是因为岩体内聚力越大，岩体强度越大，越不容易变形破坏。但随着倾斜隔水关键层内摩擦角 φ 的增大，底板倾斜隔水关键层所能承受的最大水压 p_s 却略有减小，这是因为通常内摩擦角越大，岩石越脆，越容易发生脆性破坏，而内摩擦角小的岩石则较软而发生塑性变形。这也就是为什么单一坚硬岩层构成的隔水关键层虽然抵抗变形的能力较强，但破碎后更容易形成大量导水裂隙从而导致突水发生；而由软硬岩层构成的复合隔水关键层，虽然变形较大，但不容易破坏，且软岩层能很好地封闭硬岩层产生的破坏裂隙，从而更有利于阻隔底板突水。

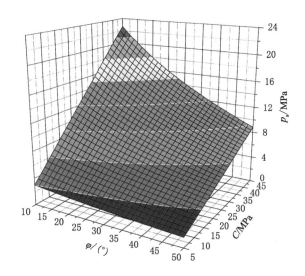

图 6-13　倾斜隔水关键层所能承受的最大水压 p_s 与其内聚力 C 和内摩擦角 φ 的关系

6.4　本章小结

依据倾斜煤层底板隔水关键层的变形特性和应力分布特征,分析了倾斜煤层底板隔水关键层的破断失稳特征和突水危险区域。在此基础上,基于推导的采场底板倾斜隔水关键层所能承受的最大极限水压表达式(剪切破坏机理),从多因素和单因素的角度分析了倾斜煤层底板隔水关键层的阻隔水性能,结果表明:

(1) 倾斜隔水关键层率先在其长边中央偏下的位置出现拉伸破断,下部边界区域要先于上部边界区域出现拉伸破断,在边界区域形成"O"形破断裂缝,并与内部形成的非对称"X"形破断裂缝相贯通,最终形成非对称"O-X"形破断模式,从而导致倾斜隔水关键层破断失稳,诱发工作面底板突水。

(2) 倾斜采场来压前采空区后方边缘(开切眼)的中下部区域,以及来压时工作面煤壁中下部区域是底板极易突水的危险区域;而采空区上下端头区域始终是底板极易突水的危险区域,且下端头突水的可能性大于上端头。这与基于 FISH 语言对 FLAC[3D] 软件进行二次开发建立的倾斜采场三维流固耦合数值计算模型模拟的倾斜煤层回采过程中底板倾斜隔水关键层的变形破坏特征、应力分布特征及渗流场演化规律相吻合。

(3) 从采场底板倾斜隔水关键层所能承受的最大极限水压表达式中,挑选工作面的推进距离、倾斜长度以及隔水关键层的厚度、倾角及弹性模量 5 个主要影响因素,利用正交试验对底板倾斜隔水关键层失稳力学判据进行了敏感性分析。隔水关键层厚度对倾斜隔水关键层所能承受的最大极限水压影响最大,在 5 个影响因素中对其影响占到 44.8%;其次是工作面推进距离,对其影响占到 34.4%;而隔水关键层弹性模量、倾角及工作面倾斜长度对其影响依次递减,分别占到 9.3%、5.8% 和 5.7%。

(4) 倾斜隔水关键层所能承受的最大水压随采空区垮落覆岩载荷的增大而增大,采空区垮落的覆岩有利于阻隔底板突水;倾斜隔水关键层所能承受的最大水压随工作面初次来压或周期来压步距的增大而减小,随工作面倾向长度的增大而减小,适当控制来压步距及工作面倾向长度有利于控制底板突水;倾斜隔水关键层所能承受的最大水压随其倾角的增大而减小,倾角越大,底板突水危险性越大;倾斜隔水关键层所能承受的最大水压与其厚度成二次抛物线关系,厚度越大,阻隔水性能越好;当倾斜隔水关键层位于底板保护层带下部时,更有利于阻隔底板突水;倾斜隔水关键层的强度越高,内聚力越大,阻隔水性能越好。

7 倾斜煤层底板破坏特征微震监测与突水预测

确定底板采动破坏深度是实现承压水上煤层安全开采的前提。利用井下高精度微震监测技术,对桃园煤矿承压水上 1066 倾斜煤层工作面底板采动破坏特征进行连续、动态监测,并将监测的倾斜煤层底板采动破坏深度、分布形态与利用经验公式计算的底板破坏深度进行对比分析[82]。结合倾斜煤层底板突水力学判据,划分倾斜煤层工作面底板突水危险区域,预测倾斜煤层底板突水[97]。

7.1 倾斜煤层工作面概况

淮北矿业集团有限责任公司桃园煤矿 1066 倾斜煤层工作面(以下简称"1066 倾斜煤层工作面")位于北六采区右翼,左起六采区轨道上山,右至 F₂ 断层煤柱,其上方为 1064 工作面采空区,如图 7-1 所示。1066 倾斜煤层工作面走向长 790 m,倾向长 112 m,工作面回风巷处煤层埋深 500 m,煤层平均倾角 28°,煤层平均厚度 3.4 m,煤层顶底板以细砂岩、粉砂岩及中砂岩为主。1066 倾斜煤层工作面底板下方约 53 m 处为太原组灰岩含水层,其水压高达3.0 MPa 左右,1066 倾斜煤层工作面在回采过程中存在底板突水危险。另外,在 1064 工作面回采期间,在断层构造处就发生过底板突水事故。1066 倾斜煤层工作面顶底板各岩层的岩石物理力学特性参数如表 5-1 所示。

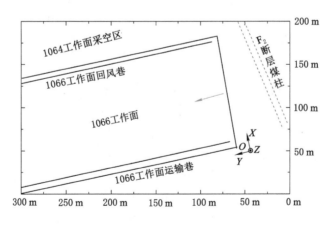

图 7-1 1066 倾斜煤层工作面平面图

为预防 1066 倾斜煤层工作面底板突水事故,必须对 1066 倾斜煤层工作面底板采动岩体进行连续、动态监测,确定 1066 倾斜煤层工作面回采期间底板采动破坏深度,划分底板突水威胁区域,并结合倾斜煤层底板突水力学判据,预测 1066 倾斜煤层工作面底板突水的可能性。

7.2 微震监测原理与方案

7.2.1 微震监测原理

国内外大量研究资料表明,岩体在应力作用下发生破坏之前,必然持续一段时间以微震和声波的形式释放积蓄的能量。这种能量释放的强度,随着岩体结构临近失稳而变化。因此,每一个微震信号都包含岩体内部状态变化的丰富信息,接收到的微震信号经处理、分析,可以作为评价岩体稳定性的依据,也可以用来确定破裂发生的位置,并在三维空间上显示出来[98-99]。图 7-2(a)为典型的岩层破裂微震信号波形图,相对煤层破裂微震信号波形而言,岩层破裂微震信号波形整体呈小山峰形,具有延时短的特点,掌握岩层、煤层破裂特点有利于震源性质的分析和定位。为进行微震事件定位,首先应根据一定的监测原则,在监测的岩体周围安装一定数量的微震检波器。当监测范围内出现岩石破裂等异常情况时,它所产生的微震波会沿(近似)射线路径传播到各个检波器,如图 7-2(b)所示。

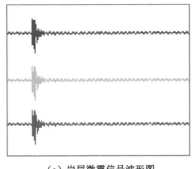

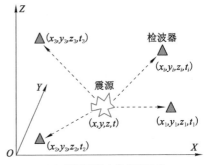

（a）岩层微震信号波形图　　　（b）微震事件定位原理示意

图 7-2　岩层微震信号波形图和微震事件定位原理示意

在岩体发生破坏产生微震信号时,已知的是各个测点检波器的坐标和它所接收到微震信号的时刻,未知的是微震发生的位置(震源位置)和时刻。设震源位置的空间坐标为(x,y,z),发生时刻为 t;埋设的第 i 个测点检波器坐标为(x_i,y_i,z_i),检波器接收到微震波的时刻为 t_i。由于微震波在岩体中 P 波的传播速度较 S 波快,初至时间易于识别,所以在进行微震事件定位时常采用 P 波;P 波的传播速度很快,且微震监测区域通常为方圆几百米的小区域。因此,可以假定 P 波以常速度 v 传播,在实际监测现场中 P 波传播速度 v 可以通过人工震源的速度结构校正、检波器一致性校正等方法具体确定。震源与第 i 个测点检波器之间的走时方程为

$$(x_i-x)^2+(y_i-y)^2+(z_i-z)^2=v^2(t_i-t)^2 \quad (i=1,2,3,\cdots,m) \tag{7-1}$$

式中,m 为接收到微震信号的检波器个数;(x,y,z,t) 为震源的时空参数。方程(7-1)为非线性系统,直接求解非常困难,这就需要寻找一个线性系统来代替此非线性系统。用

第 i 个测点检波器的走时方程减去第 k 个测点检波器的走时方程,可得到如下线性系统方程

$$2(x_i - x_k)x + 2(y_i - y_k)y + 2(z_i - z_k)z - 2v^2(t_i - t_k)t = x_i^2 - x_k^2 + y_i^2 -$$
$$y_k^2 + z_i^2 - z_k^2 - v^2(t_i^2 - t_k^2) \quad (i, k = 1, 2, 3, \cdots, m) \tag{7-2}$$

通过对两个不同测点检波器走时方程进行组合,一共可以得到 $m(m-1)/2$ 个线性方程,其中只有 $(m-1)$ 个线性独立的方程。利用这些独立的线性方程中的 4 个,就可以求出震源的空间位置及其相应的发生时间,进行三维空间反演就可以对微震事件进行空间定位。在进行微震事件三维空间定位时,可以将微震监测空间分为"内场"和"外场",利用"内场定位"和"外场定位"相结合技术,可以使微震事件的定位精度基本满足各种目的微震监测工程需要[73]。与传统技术相比,微震监测技术具有连续、动态、三维立体的特点。另外,还可以根据震源的情况进一步确定岩体破裂尺度及其性质。因此,微震监测技术为研究采动工作面底板岩体的空间破坏深度、破坏范围、破坏形态,预测煤层底板突水提供了一种新的物探监测思路和手段[100]。

7.2.2 微震监测方案

承压水上 1066 倾斜煤层工作面采用走向长壁开采,工作面沿煤层倾斜方向布置,工作面与水平面夹角为 α,如图 7-3 所示(红色箭头所示方向为工作面推进方向)。本次微震监测采用 Comise 井下防爆微震监测仪,如图 7-4(a)所示,它是专门进行煤矿井下微震监测的先进设备。通过在工作面两侧的巷道内打设底板钻孔注浆的方法将 14 个检波器固定在倾斜煤层底板岩层内,如图 7-4(b)所示;埋设的 14 个检波器的位置参数如表 7-1 所示。其中 $2^{\#}$ 和 $13^{\#}$ 检波器钻孔深度为 60 m,与水平面成 60°的夹角,钻孔末端在煤层底板岩层内的位置距离煤层底板的垂直距离为 31.8 m,距离底板承压含水层上表面的垂直距离为 18.2 m。因此,钻孔不会穿透底板岩层进入太原组灰岩承压含水层,如图 7-5 所示。另外,打设完钻孔安装好检波器后,立即对钻孔注浆固定检波器,同时封堵整个钻孔。

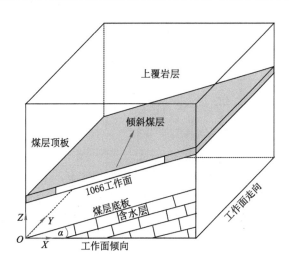

图 7-3　承压水上 1066 倾斜煤层工作面开采三维示意

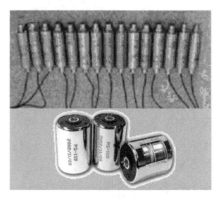

（a）井下防爆微震监测仪　　　　　　（b）微震检波器

图 7-4　井下防爆微震监测仪和微震检波器

表 7-1　倾斜煤层底板钻孔位置及检波器参数

钻孔编号	检波器编号	超前工作面距离/m	与水平面夹角/(°)	检波器钻孔深度/m
1	1#	50	−60	15
2	2#	50	−60	60
3	3#	50	−10	15
4	4#	100	−10	15
5	5#	100	−60	30
6	6#	100	−10	30
7	7#	100	−60	15
8	8#	150	−10	15
9	9#	150	−60	30
10	10#	150	−10	30
11	11#	150	−60	15
12	12#	200	−60	15
13	13#	200	−60	60
14	14#	200	−10	15

　　埋设的检波器在煤层底板岩层内的三维空间分布位置及 XY 平面投影情况，如图 7-6 所示。埋设的检波器可以构成一个 250 m×180 m×60 m（工作面走向长度×工作面倾向长度×空间高度）的内外场监测空间，监测承压水上 1066 倾斜煤层工作面回采过程中底板岩体的破坏特征，确定工作面底板采动破坏深度，预测倾斜煤层工作面底板突水，为实现承压水上 1066 倾斜煤层工作面的安全高效开采提供重要现场监测依据。

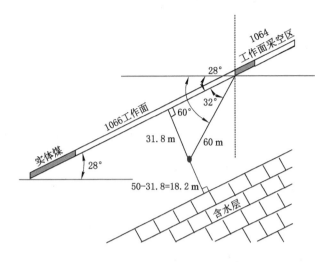

图 7-5　沿煤层倾斜方向 1066 倾斜煤层工作面剖面图

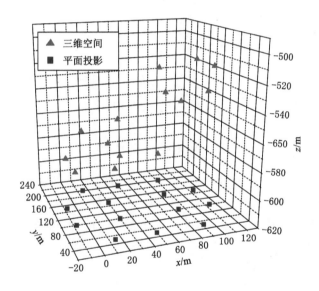

图 7-6　倾斜煤层底板监测区域检波器三维空间分布(红色三角)及平面投影(蓝色方块)

7.3　倾斜煤层底板破坏特征微震监测

7.3.1　破坏特征监测结果

微震监测从 2009 年 10 月 10 日开始,至 2009 年 12 月 10 日结束,在该监测阶段共获得 189 个有效的底板破裂微震事件。为更好地显示倾斜煤层底板破坏特征,在进行微震事件三维空间定位及平面投影时略去了发生在采场底板岩层以外的微震破裂事件。这些底板破裂微震事件特征明显,能够反映工作面回采过程中倾斜煤层底板的连续、动态破坏特征。

图 7-7 为 2009 年 11 月 2 日 00 时 39 分 02 秒的 A48 事件波形图,通过排除干扰信号,确定有效的微震信号初至时间,依据微震监测定位原理,可以计算出监测到的该微震事件三维空间坐标及其相应的发生时间。通过对所有监测到的微震信号进行类似处理,就可以计算出相应的所有微震破裂事件的三维空间坐标及其相应的发生时间。通过微震事件的三维空间定位,就可以确定工作面底板岩体的采动破坏特征,划分倾斜煤层底板突水危险区域,预测倾斜煤层底板突水的可能性。

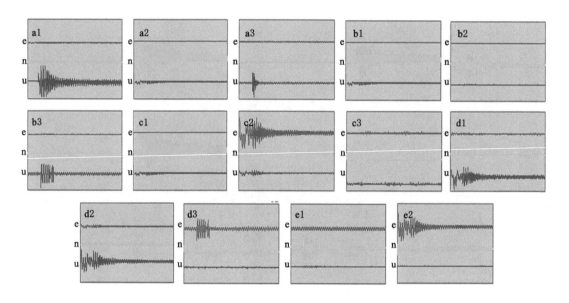

图 7-7　2009 年 11 月 2 日 00 时 39 分 02 秒的 A48 事件波形图

利用 Matlab 软件编制求解线性方程组式(7-2)的程序,可以求解出微震事件的三维空间坐标及其相应的发生时间,进行三维空间反演而生成破裂微震事件的空间分布位置。微震监测到的 189 个有效的底板破裂微震事件在三维空间的分布位置如图 7-8 所示(红色圆点代表微震事件)。从图 7-8 可以看出,工作面运输巷附近区域底板岩层内的破裂微震事件明显多于工作面回风巷附近区域底板岩层内的破裂微震事件。

图 7-9 为监测到的 189 个有效的底板破裂微震事件沿工作面走向的平面投影图。从图 7-9 可以看出,破裂微震事件主要集中在工作面运输巷、回风巷附近区域的底板岩层内(绿色椭圆内),这主要由于工作面回采后在运输巷、回风巷附近区域形成应力值较大的垂直应力集中区及剪应力集中区。

利用 FLAC³ᴰ数值计算模拟软件,建立 1066 倾斜煤层工作面走向长壁开采三维流固耦合数值计算模型,模型底边为固定约束,前后左右各边界为位移约束,模型边界初始条件符合实际情况,由于 1066 倾斜煤层工作面开切眼与 F₂ 断层之间留有约 50 m 宽的保护煤柱,所以在建立模型时没有考虑 F₂ 断层对底板破坏的影响。图 7-10 为 1066 倾斜煤层工作面回采后的沿煤层倾斜方向采场垂直应力 σ_{zz} 云图和剪应力 τ_{xz} 云图。从图 7-10 可以看出,工作面回采后在运输巷、回风巷附近区域均形成应力值较大的垂直应力区和剪应力区,这两个高应力区域是底板岩体遭受破坏最为严重的部位。

当周期来压时,工作面运输巷、回风巷附近应力集中区内的构造往往重新活化,从而使

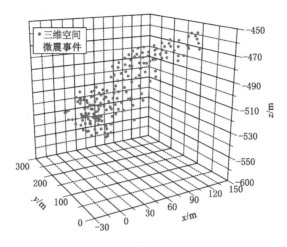

图 7-8　189 个有效的底板破裂微震事件三维空间分布

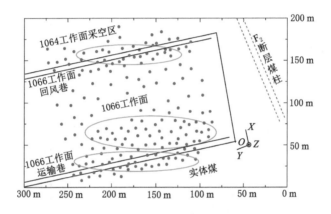

图 7-9　189 个有效的底板破裂微震事件沿工作面走向的平面投影图

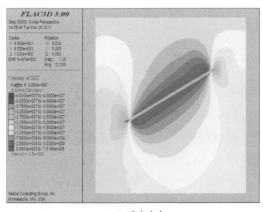

（a）垂直应力　　　　　　　　　　　　（b）剪应力

图 7-10　沿煤层倾斜方向 1066 倾斜煤层工作面垂直应力和剪应力云图

不导水的构造变为导水构造。因此,要将这两个高应力集中区域作为预防工作面底板突水的重点区域,特别是当此区域存在断层等构造时。由于1064工作面采空区垮落的矸石及其破坏的底板再次受到1066工作面回采的扰动,所以在1064工作面采空区内也发生一些破裂微震事件。而在1066工作面另一侧的实体煤区域内,破裂微震事件则相对较少,且主要集中在运输巷巷帮边缘区域,从而说明实体煤下方的底板岩体处于相对稳定状态。

图7-11为监测到的189个有效的底板破裂微震事件沿煤层倾斜方向的剖面投影图。从图7-11可以看出,发生的破裂微震事件在倾斜煤层工作面底板岩层内呈现非对称分布的特征(相对近水平煤层工作面底板破坏特征而言)。工作面下侧底板岩层的破坏深度及破坏范围大于工作面上侧底板岩层的破坏深度及破坏范围。另外,在工作面两侧煤体下方的底板岩层内又各自形成一个破坏区域(绿色椭圆内),工作面下侧煤体下方底板岩层的破坏深度明显大于工作面上侧煤体下方底板岩层的破坏深度,且工作面两侧煤体下方底板岩层的破坏区域与工作面底板岩层的破坏区域连接到一起,从而导致工作面运输巷附近底板岩层的破坏区域比工作面回风巷附近底板岩层的破坏区域不仅破坏深度更深,而且破坏范围更大,最终使得倾斜煤层沿煤层倾斜方向的工作面底板采动导水破坏带整体呈现为一个下大上小的“勺”形分布形态,如图7-11中的蓝线所示(忽略工作面上侧1064工作面采空区对1066工作面上侧煤体下方底板岩层产生的破坏影响)。

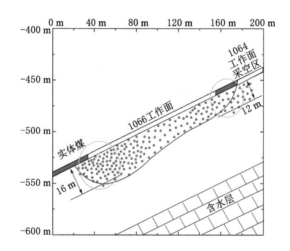

图7-11　189个有效的底板破裂微震事件沿煤层倾斜方向的剖面投影图

图7-11的微震监测结果与前面理论分析及数值模拟的倾斜煤层沿煤层倾斜方向的工作面底板破坏形态的分布特征是一致的,如图7-12所示(绿线为理论分析的倾斜煤层沿煤层倾斜方向工作面底板破坏形态)。从破裂微震事件在沿煤层倾斜方向工作面底板岩层内的空间分布位置可知,工作面运输巷附近的底板岩层最大破坏深度为16 m左右,工作面回风巷附近的底板岩层最大破坏深度为12 m左右,这两个区域是底板岩体遭受破坏最为严重的部位(破坏程度及范围相对工作面中部底板而言),这两个区域也是预防1066倾斜煤层工作面底板突水的重点区域,尤其是工作面运输巷附近的底板岩层区域。

图7-13为回采后的沿煤层倾斜方向1066倾斜煤层工作面底板塑性区云图(1066倾斜煤层工作面走向长壁开采三维流固耦合数值计算模型模拟结果)。由于1066倾斜煤层工作

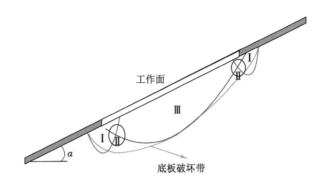

图 7-12　沿煤层倾斜方向 1066 倾斜煤层工作面底板破坏形态示意

面的回采,工作面顶板出现拉应力,而工作面底板出现卸压区,工作面运输巷及回风巷附近形成应力集中区(图 7-10)。因此,1066 倾斜煤层工作面的运输巷及回风巷附近底板岩层中破裂微震事件相对较为集中,这两个区域是底板岩体遭受破坏最为严重的部位,是预防底板突水的重点区域。

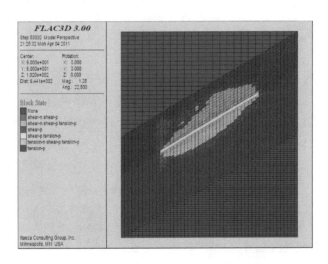

图 7-13　1066 倾斜煤层工作面回采后沿煤层倾斜方向塑性区云图

从图 7-13 可以看出,回采后的 1066 倾斜煤层工作面底板塑性区整体呈现非对称形态的破坏特征。工作面底板塑性破坏区整体呈现一个下大上小的"勺"形分布形态,工作面运输巷附近底板的塑性破坏区比工作面回风巷附近底板的塑性破坏区范围更大、更深。数值模拟的工作面运输巷附近底板塑性区的最大破坏深度约为 15.5 m,工作面回风巷附近底板塑性区的最大破坏深度约为 13 m,这与微震监测的底板采动破坏深度相接近。另外,在工作面上下两侧煤体下方的底板岩层内又各自形成一个塑性破坏区,此塑性破坏区范围在数值模拟结果中没有与工作面底板岩层内的塑性破坏区连接起来,但有连接到一起的趋势,这与微震监测的底板破坏形态是几乎一致的,间接证明微震监测的有效性及可靠性。

7.3.2 破坏深度理论分析

在第 2 章中，基于弹性力学理论，结合 Mohr-Coulomb 屈服准则，推导了倾斜煤层底板采动破坏深度计算公式，包括沿煤层倾斜方向工作面底板岩层的最大破坏深度 h_1 及工作面两侧煤体下方底板岩层的最大破坏深度 h_{up}（上侧）和 h_{down}（下侧）的表达式，如式（2-34）所示。

对于桃园煤矿承压水上 1066 倾斜煤层工作面而言，工作面采用走向长壁开采，工作面上侧巷道（回风巷）处煤层埋深 $H=500$ m；工作面倾向宽度 $L=112$ m；煤层平均倾角 $\alpha=28°$；采出煤层厚度 $M=3.4$ m；垮落带岩体碎胀系数 $\lambda=1.2$；底板岩层平均重度 $\gamma=22$ kN/m³，平均内摩擦角 $\varphi_0=45°$，平均内聚力 $C=5.3$ MPa。1066 倾斜煤层工作面回采后，在工作面上下两侧产生侧向支承压力，其下侧应力集中系数 $k_1=2.20$，上侧应力集中系数 $k_2=2.18$，工作面前方煤壁塑性破坏区宽度 $L_a=5.2$ m。利用式（2-34）可以计算出工作面底板的最大破坏深度 $h_1=15.63$ m，工作面上侧煤体下方底板岩层的最大破坏深度 $h_{up}=13.20$ m，工作面下侧煤体下方底板岩层的最大破坏深度 $h_{down}=14.73$ m。可以看出，工作面下侧煤体下方底板岩层的最大破坏深度与工作面底板岩层的最大破坏深度接近，使得工作面上下两侧煤体下方底板岩层的破坏区域将与工作面底板岩层的破坏区域连接起来，沿煤层倾斜方向形成一个下大上小的、比工作面宽度更宽的"勺"形分布形态的底板采动导水破坏带。

由式（2-34）计算出的 1066 倾斜煤层工作面底板岩层的最大破坏深度（$h_1=15.63$ m）比实际微震监测的 1066 倾斜煤层工作面运输巷附近的底板最大破坏深度（16 m）小 0.37 m；利用式（2-34）计算出的 1066 倾斜煤层工作面上侧煤柱下方底板岩层的最大破坏深度（$h_{up}=13.20$ m）比实际微震监测的工作面回风巷附近的底板最大破坏深度（12 m）大 1.20 m。这主要由于倾斜煤层底板破坏深度计算公式中所包含的影响倾斜煤层底板采动破坏的因素较少，例如没有考虑煤层厚度、垮落带高度、开采方法等对底板采动破坏的影响，使得由式（2-34）计算出的底板采动破坏深度与实际微震监测到的底板采动破坏深度之间存在一定的误差。但由式（2-34）计算出的倾斜煤层工作面上、下两侧巷道附近底板岩层的采动破坏深度之间存在一定的差值，反映了倾斜煤层底板采动导水破坏带具有非对称的特征，这一点也可以从现场微震监测的倾斜煤层底板采动破坏形态分布特征得到证实（图 7-11），间接证明倾斜煤层底板采动破坏深度计算公式的合理性与正确性。工作面下侧煤体下方底板岩层的最大破坏深度与工作面底板岩层的最大破坏深度相接近（两个区域连接在一起），当工作面底板存在承压含水层时，工作面下侧煤体下方的底板区域是预防倾斜煤层底板突水的重点区域。

7.4 倾斜煤层底板突水预测

图 7-14 为回采后的沿煤层倾斜方向 1066 倾斜煤层工作面底板孔隙水压及其渗流矢量云图（1066 倾斜煤层工作面走向长壁开采三维流固耦合数值计算模型模拟结果）。从图 7-14 可以看出，工作面底板含水层的承压水导升带高度为 11.0 m 左右，承压水导升带向上发育到含水层上方的砂泥岩岩层内（表 5-1 中含水层上方第 4 层砂泥岩，No.11）。另外，1066 倾斜煤层工作面底板钻孔地质资料表明，工作面下部承压水导升带最大高度为 10.0 m 左右。因此，综

合确定 1066 倾斜煤层工作面底板承压含水层导升带高度为 11.0 m 左右。

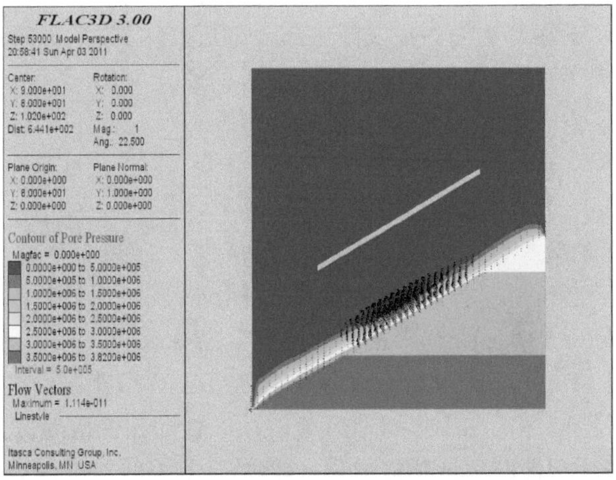

图 7-14　1066 倾斜煤层工作面沿煤层倾斜方向底板孔隙水压及其渗流矢量云图

桃园煤矿承压水上 1066 倾斜煤层工作面采用走向长壁开采,工作面上侧回风巷埋深 $H=500$ m;工作面底板距离下部承压含水层上表面约 53 m;工作面上侧回风巷下方承压含水层水压约为 3.0 MPa;工作面倾向长度为 112 m;煤层平均倾角 $\alpha=28°$;煤层开采厚度 $M=3.4$ m;工作面初次来压步距约为 40 m;采空区垮落矸石高度约为 3 m。通过上面现场监测、理论分析及数值模拟得出,1066 倾斜煤层工作面底板最大采动破坏深度约为 16 m,底板采动导水破坏带扩展到砂泥岩内(表 5-1 中 10 煤下方第 3 层砂泥岩,No.9);工作面底板承压含水层导升带高度约为 11 m,承压水导升到砂泥岩内(表 5-1 中含水层上方第 4 层砂泥岩,No.11)。于是,倾斜煤层工作面底板剩余完整岩层带(保护层带)厚度为 26 m,其中厚度为 12 m 的中砂岩(No.10)作为底板倾斜隔水关键层,其上方剩余完整岩层带内砂泥岩厚度为 5.5 m,下方剩余完整岩层带内砂泥岩厚度为 8.5 m。

结合岩石力学室内试验,于是有 $a=40$ m,$b=112$ m,$h_0=3$ m,$h_1=16$ m,$h_2=26$ m,$h_3=11$ m,$h_k=12$ m,$h_{21}=5.5$ m,$h_{22}=8.5$ m,$\beta=28°$,$p_0=3.0$ MPa,$\gamma_0=21$ kN/m^3,$\gamma_1=22$ kN/m^3,$\gamma_2=23$ kN/m^3,$\gamma_k=26$ kN/m^3,$E_k=32$ GPa,$R_c=64.35$ MPa,$R_t=10.7$ MPa,$C=13$ MPa,$\varphi=46°$,$\mu_k=0.24$,$\rho=10^3$ kg/m^3,$g=10$ m/s^2。将上述参数分别代入基于拉伸破坏机理和剪切破坏机理推导的采场底板倾斜隔水关键层所能承受的最大底板承压含水层水压表达式[式(4-17)和式(4-22)],可以计算出采场底板倾斜隔水关键层所能承受的最大极限水压分别为 $p_t=3.108$ MPa 和 $p_s=3.166$ MPa。基于拉伸破坏机理和剪切破坏机理计算出的采场底板倾斜隔水关键层所能承受的最大极限水压都大于工作面上侧回风巷下方承压含水层的水压(3.0 MPa),表明工作面回采过程中底板倾斜隔水关键层能维持稳定状态,不会发生破断失稳,不会诱导工作面底板突水。

需要注意的是,采场底板倾斜隔水关键层所能承受的最大水压仅略大于工作面底板承压含水层的水压,当工作面开采过程中遇到断层等构造时,底板采动破坏深度及承压水导升带高度将进一步增大,可能发生煤层底板突水事故。对于 1066 倾斜煤层工作面而言,在监测区域(第一阶段监测区域)前方,位于工作面下部的区域(第二阶段监测区域)确实存在两个断层构造区。因此，为预防 1066 倾斜煤层工作面含断层区域底板突水事故，依据第一阶段监测区域的微震监测结果，在工作面下侧运输巷内打设底板钻孔，对两个断层构造区的底板岩体进行分阶段、多次注浆加固。在实际工作面推过此区域时，少量水从底板采动破坏裂隙中流出，但水量不大，保证了工作面继续向前推进的安全性。

7.5 本章小结

利用井下高精度微震监测技术，对桃园煤矿承压水上 1066 倾斜煤层工作面底板采动破坏特征进行了连续、动态监测，划分了倾斜煤层工作面底板突水危险区域；结合倾斜煤层底板突水力学判据，对倾斜煤层底板突水进行了预测。结果表明：

（1）1066 倾斜煤层工作面底板塑性破坏区整体呈非对称破坏形态的分布特征，工作面运输巷附近底板的塑性破坏区比工作面回风巷附近底板的塑性破坏区范围更大、更深，沿煤层倾斜方向工作面底板塑性破坏区整体呈现一个下大上小的"勺"形分布形态，这与前面章节的理论分析及数值模拟结果是一致的。

（2）工作面运输巷附近底板的最大破坏深度约为 16 m，工作面回风巷附近底板的最大破坏深度约为 12 m，这与利用前面章节所推导的倾斜煤层底板破坏深度公式计算出的底板采动破坏深度相接近，反映所推导的底板采动破坏深度计算公式的正确性与合理性。

（3）依据 1066 倾斜煤层工作面底板承压水导升带高度及其渗流矢量分布规律，确定了工作面下侧区域为倾斜煤层底板突水的危险区域，这与依据微震监测结果确定的无构造工作面底板下侧区域是倾斜煤层底板突水危险区域的结论是一致的。

（4）结合 1066 倾斜煤层工作面底板岩层具体的物理力学参数，利用倾斜煤层底板突水力学判据，对 1066 倾斜煤层工作面底板突水进行了预测；结合微震监测结果，对 1066 倾斜煤层工作面底板突水危险区域进行分阶段、多次提前注浆加固，实现 1066 倾斜煤层工作面的安全带压开采。

8 主 要 结 论

8.1 结 论

我国煤炭资源丰富,但赋存地质条件复杂,使得煤矿开采中地质灾害时有发生。特别是随着煤矿开采深度和开采强度的增大,工作面受下伏奥灰岩溶水的影响日益增多,严重威胁煤矿的安全生产,从而使得底板突水预测及防治问题更为突出。底板突水在造成经济损失和人员伤亡的同时,也对矿区水资源和环境造成了严重的污染和破坏。因此,有效遏制底板水害的发生,已成为众多矿井所共同面对的热点问题和技术难题。

已有研究成果多基于近水平煤层的工程背景,而没有考虑煤层倾角对底板岩层破坏特征、承压渗透特性及突水危险性的影响。因此,本书采用理论分析、数值模拟和现场监测相结合的方法,从采动应力和承压水压力对底板岩层共同作用的角度,对承压水上倾斜煤层底板破坏特征及其阻隔水性能与突水预测进行了系统研究,获得了以下主要结论:

(1) 依据倾斜煤层赋存特征,结合弹性力学中均质各向同性空间半无限体理论,建立了倾斜煤层走向长壁开采沿煤层倾斜方向工作面底板力学模型,推导了沿煤层倾斜方向工作面底板岩层内任意一点的应力表达式;绘制了煤层倾角分别为 0°、20°、30°、40°、50°时,沿煤层倾斜方向底板垂直应力等值线图,并分析了沿煤层倾斜方向工作面底板垂直应力等值线的分布规律。

(2) 依据倾斜煤层赋存特征,建立了倾斜煤层走向长壁开采沿煤层倾斜方向工作面侧向底板力学模型;采用弹性力学理论,结合 Mohr-Coulomb 屈服准则,推导了沿煤层倾斜方向工作面侧向底板岩层的最大破坏深度表达式;对倾斜煤层工作面底板破坏形态进行了定性分析,并将倾斜煤层工作面底板采动导水破坏带沿煤层倾斜方向划分为三个不同的破坏区域,其整体呈现一个比工作面宽度更宽的、下大上小的"勺"形分布破坏形态,最大破坏深度位置偏离工作面底板的中部向下移动。

(3) 依据倾斜煤层赋存特征,利用 FLAC³ᴰ 数值计算软件,建立了倾斜煤层走向长壁开采三维数值计算模型,模拟分析了倾斜煤层在不同埋深、不同工作面宽度时,沿煤层倾斜方向工作面侧向支承压力分布、底板应力分布、底板破坏深度与破坏特征及破坏形态随煤层倾角的变化规律。

(4) 工作面侧向支承压力集中系数随着煤层倾角的增大而降低,但工作面下侧侧向支承压力集中系数始终大于工作面上侧;工作面侧向支承压力峰值位置距巷帮的距离随煤层倾角的增大而减小;工作面底板垂直应力等值线沿煤层倾斜方向呈下大上小的"勺"形分布形态,工作面两侧煤体下方的垂直应力等值线呈斜向煤体内的"泡"形分布形态;工作面两侧形成"泡"形的剪应力,剪应力峰值随煤层倾角的增大而先增大后减小,在 30°~35°时达到最大值;工作面底板岩层内形成一个范围较大的塑性破坏区,工作面两侧煤体下方底板岩层内各自形成一个具有一定深度和范围的塑性破坏区,工作面两侧煤体下方的塑性破坏区能与工作面底板岩层内的塑性破坏区连接起来,形成一个比工作面更宽的、范围更大的塑性破坏区,其整体呈现一个下大上小的"勺"形分布破坏形态;工作面底板塑性破坏深度随煤层倾角的增大而先增大后减小,在30°时达到最大塑性破坏深度,且最大塑性破坏深度的位置随煤层倾角的增大而逐渐向下偏离工作面的中部。

(5) 依据承压水上倾斜煤层底板岩层所受水压载荷的非对称分布特征,构造了线性增加水压作用下的采场底板倾斜隔水关键层的挠度函数;倾斜隔水关键层的最大挠度随其倾角的增大而减小,且变化比较明显,最大挠曲点偏离工作面中部的位置随其倾角的变化并不敏感,但仍随倾角的增大而向下偏离工作面的中部;在此基础上,进一步分析了上覆岩层载荷、承压含水层水压、隔水关键层厚度、隔水关键层倾角对底板倾斜隔水关键层变形特性的影响规律。

(6) 依据岩层控制的隔水关键层理论,在考虑沿煤层倾斜方向底板存在一定水压梯度的情况下,建立了线性增加水压作用下的倾斜煤层底板隔水关键层力学模型;采用弹性薄板理论,分析了采场底板倾斜隔水关键层的力学特性,揭示了底板倾斜隔水关键层在其长边中点偏下的位置最容易出现拉伸和剪切屈服破坏;在此基础上,采用 Griffith 和 Mohr-Coulomb 两种屈服准则,推导了基于拉伸和剪切破坏机理的倾斜隔水关键层失稳力学判据,并给出了采场底板倾斜隔水关键层所能承受的最大极限水压表达式,应用于桃园煤矿承压水上 1066 倾斜煤层工作面相邻采场底板的突水预测。

(7) 基于 FISH 语言对 FLAC³ᴰ 软件进行了二次开发,建立了桃园煤矿承压水上 1066 倾斜煤层工作面开采三维流固耦合数值计算模型,模拟了倾斜煤层工作面在推进过程中沿煤层倾斜方向的底板垂直应力、等效应力、塑性区、渗流孔隙压力及其渗流矢量分布规律,分析了倾斜煤层工作面底板采动破坏深度、承压水导升高度及倾斜煤层工作面底板易于突水的位置。

(8) 随着倾斜煤层工作面向前推进,底板岩层卸压范围不断扩大,等效应力集中区及底板最大塑性破坏深度均位于工作面底板岩层的下侧区域,使得工作面底板下侧区域突水的危险性更大;工作面开采前,承压含水层上部就存在承压水原始导升现象,承压水导升高度随工作面推进而不断增大,当工作面推进一定距离后承压水导升高度基本保持不变。随着倾斜煤层工作面向前推进,工作面底板岩层的孔隙水压及其渗流速度不断发生变化;工作面底板"软硬软"复合隔水层具有阻隔效应,使得工作面推进一定距离后,底板岩层的孔隙水压及其渗流速度基本保持不变;当改变倾斜煤层工作面底板岩层参数后,承压水孔隙水压能通过工作面底板的下侧区域,突破工作面底板"软硬软"复合隔水层的阻隔而涌入采煤工作面内,导致倾斜煤层工作面底板突水。因此,倾斜煤层工作面的下侧区域为易发生底板突水的危险区域。

(9) 依据倾斜煤层底板隔水关键层的变形特性和应力分布特征,分析了倾斜煤层底板隔水关键层的破断失稳模式、破断失稳特征;依据倾斜煤层底板隔水关键层破断失稳特征,划分了倾斜采场底板突水危险区域,揭示了倾斜隔水关键层率先在其长边中央偏下的位置出现拉伸破断,下部边界区域先于上部边界区域出现拉伸破断,在边界区域形成"O"形破断裂缝,并与内部形成的非对称"X"形破断裂缝相贯通,最终形成非对称"O-X"形破断模式;倾斜采场来压前采空区后方边缘(开切眼)的中下部区域,以及来压时工作面煤壁中下部区域是底板极易突水的危险区域,而采空区上下端头区域始终是底板极易突水的危险区域,且采空区下端头突水的可能性大于采空区的上端头。

（10）从多因素分析的角度,在采场底板倾斜隔水关键层所能承受的最大极限水压表达式中,挑选工作面的推进距离与倾斜长度以及隔水关键层的厚度、倾角及弹性模量5个主要影响因素,利用正交试验对底板倾斜隔水关键层的破断失稳力学判据进行了敏感性分析。隔水关键层厚度对倾斜隔水关键层所能承受的最大极限水压影响最大,在5个影响因素中对其影响占到44.8%,其次为工作面推进距离,对其影响占到34.4%,而隔水关键层弹性模量、倾角及工作面倾斜长度对采场底板倾斜隔水关键层所能承受的最大极限水压影响依次递减,分别占到9.3%、5.8%和5.7%。

（11）从单因素分析的角度,利用推导的底板倾斜隔水关键层的破断失稳力学判据,分析了采空区垮落覆岩载荷,采场来压步距,隔水关键层倾角、厚度、层位、强度对隔水关键层阻隔水性能的影响规律。倾斜隔水关键层所能承受的最大水压随采空区垮落覆岩载荷的增大而增大,采空区垮落的覆岩有利于阻隔底板突水;倾斜隔水关键层所能承受的最大水压随工作面初次来压或周期来压步距的增大而减小,随工作面倾向长度的增大而减小,适当控制来压步距、工作面倾向长度有利于控制底板突水;倾斜隔水关键层所能承受的最大极限水压随其倾角的增大而减小,倾角越大,底板突水的危险性越大;倾斜隔水关键层所能承受的最大极限水压与其厚度成二次抛物线关系,厚度越大,阻隔水性能越好;倾斜隔水关键层若位于底板保护层带下部,则更有利于阻隔底板突水;倾斜隔水关键层的强度越高,内聚力越大,其阻隔水性能越好。

（12）利用井下高精度微震监测技术,对承压水上1066倾斜煤层工作面底板采动破坏特征进行了连续、动态监测,承压水上1066倾斜煤层工作面底板塑性破坏区整体呈非对称破坏形态的分布特征(工作面运输巷和回风巷附近的底板最大破坏深度分别约为16 m和12 m),沿煤层倾斜方向工作面底板塑性破坏区整体呈现一个下大上小的"勺"形分布形态,并将监测的倾斜煤层底板采动破坏深度、分布形态与由经验公式计算的底板破坏深度、分布形态进行了对比分析;依据承压水上1066倾斜煤层工作面底板承压水导升带高度及其渗流矢量分布规律,确定了工作面下侧区域为倾斜煤层底板突水的危险区域;依据承压水上1066倾斜煤层工作面底板岩层的物理力学参数,利用倾斜煤层底板隔水关键层的破断失稳力学判据,对承压水上1066倾斜煤层工作面底板突水进行了预测;结合微震监测结果,对倾斜煤层底板突水危险区域进行了分阶段、多次提前注浆加固,成功实现承压水上1066倾斜煤层工作面的安全带压开采。

8.2　展　　望

值得注意的是,本书只研究了倾斜煤层底板隔水关键层的阻隔水性能及失稳破断突水预测,但倾斜煤层底板隔水关键层在失稳破断后,底板突水与否关键取决于其失稳破断后的渗流特性。若倾斜煤层底板隔水关键层在失稳破断后能保持渗流的稳定性,则倾斜煤层底板隔水关键层仍可发挥阻隔水的性能;若倾斜煤层底板隔水关键层失稳破断后出现渗流突变,则必定发生底板突水。因此,只有进一步研究分析倾斜煤层底板隔水关键层在失稳破断后的渗流特性,才能更好地揭示倾斜煤层底板突水机理,预测倾斜煤层底板突水。

参 考 文 献

[1] CHAULYA S K. Assessment and management of water resources for a lignite mine [J]. Mine water and the environment,2003,22(1):45-51.

[2] WU Q,ZHOU W F,ZHANG L. China's environment:challenges and solutions[J]. Environmental earth sciences,2011,64(6):1503-1504.

[3] FENG Q Y,LI T,QIAN B,et al. Chemical characteristics and utilization of coal mine drainage in China[J]. Mine water and the environment,2014,33(3):276-286.

[4] POPE J,CRAW D. Current research on mine water and the environment in New Zealand[J]. Mine water and the environment,2015,34(4):363.

[5] WANG Q,WANG X Y,HOU Q L. Geothermal water at a coal mine:from risk to resource[J]. Mine water and the environment,2016,35(3):294-301.

[6] WU Q,XU S H,ZHOU W F,et al. Hydrogeology and design of groundwater heat pump systems[J]. Environmental earth sciences,2015,73(7):3683-3695.

[7] WU Q,FAN Z L,ZHANG Z W,et al. Evaluation and zoning of groundwater hazards in Pingshuo No. 1 underground coal mine, Shanxi Province, China[J]. Hydrogeology journal,2014,22(7):1693-1705.

[8] 缪协兴,刘卫群,陈占清. 采动岩体渗流理论[M].北京:科学出版社,2004.

[9] 虎维岳,朱开鹏,黄选明.非均布高压水对采煤工作面底板隔水岩层破坏特征及其突水条件研究[J].煤炭学报,2010,35(7):1109-1114.

[10] 虎维岳,尹尚先.采煤工作面底板突水灾害发生的采掘扰动力学机制[J].岩石力学与工程学报,2010,29(增1):3344-3349.

[11] 尹尚先,虎维岳,刘其声,等.承压含水层上采煤突水危险性评估研究[J].中国矿业大学学报,2008,37(3):311-315.

[12] LI L C,YANG T H,LIANG Z Z,et al. Numerical investigation of groundwater outbursts near faults in underground coal mines[J]. International journal of coal geology,2011,85(3-4):276-288.

[13] 许进鹏,张福成,桂辉,等.采动断层活化导水特征分析与实验研究[J].中国矿业大学学报,2012,41(3):415-419.

[14] 刘志军,胡耀青.承压水上采煤断层突水的固流耦合研究[J].煤炭学报,2007,32(10):1046-1050.

[15] 孙建,王连国,侯化强.底板复合隔水关键层的隔水性能研究[J].中国矿业大学学报,2013,42(4):560-566.

[16] 孙建,王连国.基于微震信号突变分析的底板断层突水预测[J].煤炭学报,2013,

38(8):1404-1410.

[17] SUN J,WANG L G,HU Y. Mechanical criteria and sensitivity analysis of water inrush through a mining fault above confined aquifers[J]. Arabian journal of geosciences,2019, 12(1):4.

[18] 杨天鸿,唐春安,谭志宏,等.岩体破坏突水模型研究现状及突水预测预报研究发展趋势[J].岩石力学与工程学报,2007,26(2):268-277.

[19] 姜耀东,吕玉凯,赵毅鑫,等.承压水上开采工作面底板破坏规律相似模拟试验[J].岩石力学与工程学报,2011,30(8):1571-1578.

[20] 赵庆彪,赵昕楠,武强,等.华北型煤田深部开采底板"分时段分带突破"突水机理[J].煤炭学报,2015,40(7):1601-1607.

[21] 鲁海峰,姚多喜.采动底板层状岩体应力分布规律及破坏深度研究[J].岩石力学与工程学报,2014,33(10):2030-2039.

[22] 肖福坤,段立群,葛志会.采煤工作面底板破裂规律及瓦斯抽放应用[J].煤炭学报,2010,35(3):417-419.

[23] 张炜,张东升,陈建本,等.极近距离煤层回采巷道合理位置确定[J].中国矿业大学学报,2012,41(2):182-188.

[24] 王连国,韩猛,王占盛,等.采场底板应力分布与破坏规律研究[J].采矿与安全工程学报,2013,30(3):317-322.

[25] 孟祥瑞,徐铖辉,高召宁,等.采场底板应力分布及破坏机理[J].煤炭学报,2010,35(11):1832-1836.

[26] 李江华,许延春,谢小锋,等.采高对煤层底板破坏深度的影响[J].煤炭学报,2015,40(增刊2):303-310.

[27] 张蕊,姜振泉,李秀晗,等.大采深厚煤层底板采动破坏深度[J].煤炭学报,2013,38(1):67-72.

[28] 冯强,蒋斌松.基于积分变换采场底板应力与变形解析计算[J].岩土力学,2015,36(12):3482-3488.

[29] 刘伟韬,刘士亮,姬保静.基于正交试验的底板破坏深度主控因素敏感性分析[J].煤炭学报,2015,40(9):1995-2001.

[30] 彭苏萍,王金安.承压水体上安全采煤:对拉工作面开采底板破坏机理与突水预测防治方法[M].北京:煤炭工业出版社,2001.

[31] 赵阳升,胡耀青.承压水上采煤理论与技术[M].北京:煤炭工业出版社,2004.

[32] 李白英.预防矿井底板突水的"下三带"理论及其发展与应用[J].山东矿业学院学报(自然科学版),1999,18(4):11-18.

[33] 施龙青.底板突水机理研究综述[J].山东科技大学学报(自然科学版),2009,28(3):17-23.

[34] 王作宇,刘鸿泉.承压水上采煤[M].北京:煤炭工业出版社,1993.

[35] 王作宇,刘鸿泉,王培彝,等.承压水上采煤学科理论与实践[J].煤炭学报,1994,19(1):40-48.

[36] 雷文杰,汪国华,薛晓晓.有限元强度折减法在煤层底板破坏中的应用[J].岩土力学,

2011,32(1):299-303.

[37] 张金才,刘天泉.论煤层底板采动裂隙带的深度及分布特征[J].煤炭学报,1990,15(2):46-55.

[38] 左宇军,李术才,秦泗凤,等.动力扰动诱发承压水底板关键层失稳的突变理论研究[J].岩土力学,2010,31(8):2361-2366.

[39] 王经明.承压水沿煤层底板递进导升突水机理的模拟与观测[J].岩土工程学报,1999,21(5):546-549.

[40] 王经明.承压水沿煤层底板递进导升突水机理的物理法研究[J].煤田地质与勘探,1999,27(6):40-43.

[41] 张文泉,赵凯,张贵彬,等.基于灰色关联度分析理论的底板破坏深度预测[J].煤炭学报,2015,40(增刊1):53-59.

[42] 张红日,张文泉,温兴林,等.矿井底板采动破坏特征连续观测的工程设计与实践[J].矿业研究与开发,2000,20(4):1-4.

[43] 张文泉,张红日,徐方军,等.大采深倾斜薄煤层底板采动破坏形态的连续探测[J].煤田地质与勘探,2000,28(2):39-42.

[44] 张文泉,李加祥,温兴林.缓倾斜煤层底板采动破坏深度与回采参数关系的研究[J].山东矿业学院学报,1993,12(1):45-49.

[45] 付继武,姜增平.浅释缓倾斜煤层底板采动破坏深度与回采参数关系[J].煤炭技术,2003,22(2):34-36.

[46] 刘伟韬,穆殿瑞,杨利,等.倾斜煤层底板破坏深度计算方法及主控因素敏感性分析[J].煤炭学报,2017,42(4):849-859.

[47] 陈继刚,熊祖强,李卉,等.倾斜特厚煤层综放带压开采底板破坏特征研究[J].岩石力学与工程学报,2016,35(增1):3018-3023.

[48] 虎维岳.矿山水害防治理论与方法[M].北京:煤炭工业出版社,2005.

[49] 尹尚先,虎维岳.岩层阻水性能及自然导升高度研究[J].煤田地质与勘探,2008,36(1):34-36.

[50] 胡峰华,鞠远江.煤矿底板软硬相间岩层突水的流固耦合分析[J].煤矿安全,2011,42(6):15-18.

[51] 姚多喜,鲁海峰.煤层底板岩体采动渗流场-应变场耦合分析[J].岩石力学与工程学报,2012,31(增1):2738-2744.

[52] 胡巍,徐德金.有限元强度折减法在底板突水风险评价中的应用[J].煤炭学报,2013,38(1):27-32.

[53] 李文敏,高召宁,孟祥瑞,等.承压水上采煤的流固耦合数值模拟[J].煤矿安全,2013,44(2):57-60.

[54] 翟晓荣,张红梅,窦仲四,等.基于不同岩层组合对底板阻水效应的流固耦合机理研究[J].中国安全生产科学技术,2016,12(7):16-21.

[55] 赵延林,曹平,万文,等.巷道前伏承压溶洞突水灾变流固耦合分析[J].中南大学学报(自然科学版),2014,45(5):1598-1604.

[56] SANTOS C F,BIENIAWSKI Z T.Floor design in underground coal mines[J].Rock

mechanics and rock engineering,1989,22(4):249-271.

[57] WOLKERSDORFER C,BOWELL R. Contemporary reviews of mine water studies in Europe,part 1[J]. Mine water and the environment,2004,23(4):162-182.

[58] 王金安,魏现昊,陈绍杰.承压水体上开采底板岩层破断及渗流特征[J].中国矿业大学学报,2012,41(4):536-542.

[59] 张金才,张玉卓,刘天泉.岩体渗流与煤层底板突水[M].北京:地质出版社,1997.

[60] 钱鸣高,缪协兴,许家林,等.岩层控制的关键层理论[M].徐州:中国矿业大学出版社,2003.

[61] 缪协兴,陈荣华,白海波.保水开采隔水关键层的基本概念及力学分析[J].煤炭学报,2007,32(6):561-564.

[62] 缪协兴,浦海,白海波.隔水关键层原理及其在保水采煤中的应用研究[J].中国矿业大学学报,2008,37(1):1-4.

[63] 尹光志,王登科,张卫中.(急)倾斜煤层深部开采覆岩变形力学模型及应用[J].重庆大学学报(自然科学版),2006,29(2):79-82.

[64] 曹树刚.急倾斜煤层采场围岩力学结构的探讨[J].重庆大学学报(自然科学版),1992,15(3):128-133.

[65] 伍永平,解盘石,任世广.大倾角煤层开采围岩空间非对称结构特征分析[J].煤炭学报,2010,35(2):182-184.

[66] 勾攀峰,辛亚军.大倾角煤层回采巷道顶板结构体稳定性分析[J].煤炭学报,2011,36(10):1607-1611.

[67] SUCKALE J. Induced seismicity in hydrocarbon fields[C]//Advances in Geophysics. Amsterdam:Elsevier,2009:55-106.

[68] GIBOWICZ S J. Seismicity induced by mining:recent research[C]//Advances in Geophysics. Amsterdam:Elsevier,2009:1-53.

[69] 刘树才,刘鑫明,姜志海,等.煤层底板导水裂隙演化规律的电法探测研究[J].岩石力学与工程学报,2009,28(2):348-356.

[70] 刘盛东,刘静,岳建华.中国矿井物探技术发展现状和关键问题[J].煤炭学报,2014,39(1):19-25.

[71] XU J P,LIU S D,WANG B,et al. Electrical monitoring criterion for water flow in faults activated by mining[J]. Mine water and the environment,2012,31(3):172-178.

[72] 李凯,孙怀凤.矿井含水构造地井瞬变电磁响应规律分析[J].中国矿业大学学报,2018,47(5):1113-1122.

[73] 姜福兴,叶根喜,王存文,等.高精度微震监测技术在煤矿突水监测中的应用[J].岩石力学与工程学报,2008,27(9):1932-1938.

[74] 窦林名,何江,巩思园,等.采空区突水动力灾害的微震监测案例研究[J].中国矿业大学学报,2012,41(1):20-25.

[75] 徐永圻.采矿学[M].徐州:中国矿业大学出版社,2003.

[76] 孙建.倾斜煤层底板破坏特征及突水机理研究[D].徐州:中国矿业大学,2011.

[77] SUN J,WANG L G,ZHAO G M. Stress distribution and failure characteristics for

workface floor of a tilted coal seam[J]. KSCE journal of civil engineering, 2019, 23(9):3793-3806.

[78] 孙建. 沿煤层倾斜方向底板"三区"破坏特征分析[J]. 采矿与安全工程学报,2014, 31(1):115-121.

[79] 徐芝纶. 弹性力学：上册[M]. 4版. 北京：高等教育出版社,2008.

[80] 张金才. 矿井防水煤柱稳定性的理论研究[J]. 煤田地质与勘探,1987,15(2):37-42.

[81] 张文泉,杨传国,姜培旺,等. 矿井水害预防与治理[M]. 徐州：中国矿业大学出版社,2008.

[82] 孙建,王连国,唐芙蓉,等. 倾斜煤层底板破坏特征的微震监测[J]. 岩土力学,2011, 32(5):1589-1595.

[83] ITASCA CONSULTING GROUP INC. FLAC^{3D} user's manual[R]. Itasca Consulting Group, Inc., 2000.

[84] 刘波,韩彦辉. FLAC原理、实例与应用指南[M]. 北京：人民交通出版社,2005.

[85] 陈育民,徐鼎平. FLAC/FLAC3D基础与工程实例[M]. 北京：中国水利水电出版社,2009.

[86] 孙建,王连国. 采场底板倾斜隔水关键层的失稳力学判据[J]. 煤炭学报,2014,39(11): 2276-2285.

[87] 钱鸣高,石平五. 矿山压力与岩层控制[M]. 徐州：中国矿业大学出版社,2004.

[88] SUN J, WANG L G, ZHAO G M. Failure characteristics and confined permeability of an inclined coal seam floor in fluid-solid coupling[J]. Advances in civil engineering, 2018(4):1-12.

[89] SNOW D T. Rock fracture spacing, openings and porosities[J]. Journal of the soil mechanics & foundations division, 1968, 94(1):73-92.

[90] SNOW D T. The frequency and apertures of fractures in rock[J]. International journal of rock mechanics and mining sciences & geomechanics abstracts, 1970, 7(1):23-40.

[91] LOUIS C. Rock hydraulics[M]//Rock Mechanics. Vienna: Springer Vienna, 1972.

[92] BAI M, ELSWORTH D. Coupled processes in subsurface deformation, flow, and transport[M]. [S. l. : s. n.], 2000.

[93] ELSWORTH D, BAI M. Flow-deformation response of dual-porosity media[J]. Journal of geotechnical engineering, 1992, 118(1):107-124.

[94] 孙建,王连国,鲁海峰. 基于隔水关键层理论的倾斜煤层底板突水危险区域分析[J]. 采矿与安全工程学报,2017,34(4):655-662.

[95] SUN J, MIAO X X. Water-isolating capacity of an inclined coal seam floor based on the theory of water-resistant key strata[J]. Mine water and the environment, 2017, 36(2):310-322.

[96] SUN J, HU Y, ZHAO G M. Relationship between water inrush from coal seam floors and main roof weighting[J]. International journal of mining science and technology, 2017, 27(5):873-881.

[97] SUN J, WANG L G, WANG Z S, et al. Determining areas in an inclined coal seam

floor prone to water-inrush by micro-seismic monitoring[J]. Mining science and technology (China),2011,21(2):165-168.

[98] SUN J,WANG L G,HOU H Q. Application of micro-seismic monitoring technology in mining engineering[J]. International journal of mining science and technology,2012,22(1):79-83.

[99] 姜福兴,XUN L. 微震监测技术在矿井岩层破裂监测中的应用[J]. 岩土工程学报,2002,24(2):147-149.

[100] 姜福兴,杨淑华,XUN L. 微地震监测揭示的采场围岩空间破裂形态[J]. 煤炭学报,2003,28(4):357-360.